1000 SNEAKER

Edel Sports
Ein Verlag der Edel Verlagsgruppe

Vollständig überarbeitet und aktualisiert 2020

KONZEPT: Marcais und Marchand
PROJEKTLEITUNG: Nicolas Marcais
DESIGN: Philippe Marchand
LAYOUT: Marion Alfano
REDAKTION: Sara Quémener
BILDREDAKTION: Franck Collomb

Neumühlen 17, 22763 Hamburg
www.edelsports.com

Projektkoordination: Dr. Marten Brandt
Übersetzung, Lektorat und Satz: Rotkel. Die Textwerkstatt | rotkel.de

Printed by GPS, Slovenia
ISBN 978-3-98588-070-6

DANKSAGUNG

Copyright Editions dankt allen Markeninhabern in diesem Buch sowie den Sneaker-Website- und Blogbetreibern, darunter: chausport.com, complex.com, enclothing.co.uk, footlocker.com, highsnobiety.com, hypebeast.com, locondo.jp, monogramoslo.blogspot.fr, nicekicks.com, packershoes.com, sarenza.com, shelta.eu, sneakeraddict.fr, sneakercollector.es, sneakerfreaker.com, sneakerhead.com, sneakernews.com, sneakerpedia.com, sportshoes.com und trainerstation.com sowie dem Fotografen Michael Wa für seine Unterstützung.

Dank auch an Anastasia Benard (agence Stéphanie Protet), Claire Boulanger (New Balance), Linda Cortjens (AFG-INT), Grégory Crognier (Puma), Laurent David (Puma), Benjamin Devillard (Adidas), Camille Doux (agence Zmirov), Sven Eulitz (thevintager.de), Sonja Gerhards (grayling), Florence Grimmeisen (Waterfilms), Laura Jouot (Converse), Catherine Ly (Spring Court), Joséphine Mangalaboyi (Nike), Patricia Menant (Show-room Reebok), Mathias Monge (Nike), Victoria Paturel (Le Coq Sportif), Elsa Salmon (agence Lecurie), Jean-Philippe Sionneau (Le Coq Sportif), Judith Teensma (Pony), Laura Usseglio (Show-room Reebok).

Der Autor dankt Charlotte Le Maux und Sabrina Rouvrais für ihre Unterstützung und ihre Geduld, Sara Quémener für ihre sorgfältige Arbeit und Julien Lambéa für seinen „Fashion-Blick“.

1000 SNEAKER

Mathieu Le Maux

Ich erinnere mich nicht mehr an meinen ersten Schultag, auch nicht an meine erste Party, obwohl solche Ereignisse eigentlich für jede Kindheit prägend sind. Anscheinend folgt mein Unterbewusstsein einem eher ungewöhnlichen Sortierschema, denn ich erinnere mich dafür ganz genau an den Tag, an dem mir meine Eltern mein erstes Paar Sneaker kauften. Das war am 4. Juni 1992, zu meinem elften Geburtstag – ganz klar mein bester Geburtstag überhaupt! Es hatte mich zähe Verhandlungen, ständiges Quengeln und jede Menge guter Schulnoten gekostet, um die elterliche Vernunft zu besiegen, die sich gegen diese teuren Freizeitlatschen sträubte. Es ging nicht so sehr um das Geld, sondern um das Prinzip. Eine Einstellung, für die ich damals überhaupt kein Verständnis hatte.

Das Idol jedes Jugendlichen – oder zumindest mein Idol – war damals Andre Agassi, der in jenem Jahr bei den French Open im Halbfinale der total stillosen Kampfmaschine Jim Courier unterlag, der das Turnier auch gewann. Aber mein Held, das „Kid aus Las Vegas“ im Grunge-Look mit futuristischer Sonnenbrille, bunten Polohemden, weißen Jeans-Shorts und – vor allem! – den Nike *Air Challenge IV*, revolutionierte das Image des Tennisspielers. Er war kein verwöhntes Söhnchen aus reichem Haus. Natürlich bekam

ich nicht dieses superteure Original, sondern die abgespeckte Version ohne Luftkissensohle. Aber egal, Hauptsache der Look stimmte.
Ich sehe mich noch heute in meinen Traumschuhen auf dem Schulweg. Ich ging wie auf Wolken und genoss das makellose Weiß, wohl wissend, dass es die „Feuertaufe" nicht überstehen würde. Damals war es nämlich üblich, einem Schulkameraden mit neuen Sneakern so oft wie möglich auf die Füße zu treten – was unsere Eltern natürlich komplett aufregte. Aber für uns war das eine Art Initiationsritus, mit dem man in die Kaste der Coolen aufgenommen wurde (auch wenn sich das mit jedem neuen Sneaker-Paar wiederholte). Ich war bis dahin immer in Schuhen von Noel oder Pony unterwegs gewesen, im gnadenlosen Sozialkodex der Mittelschule eindeutig Marken zweiter Klasse, wenn auch besser als die No-Name-Modelle aus dem Supermarkt. Aber jetzt würde ich mir mit Freuden die Zehen blau treten lassen, um in die Oberliga mit Nike, Reebok & Co. aufzusteigen – die habe ich übrigens seitdem nie mehr verlassen. 23 Jahre später stehen bei mir über 300 Paar Sneaker im Schuhregal, darunter der erwähnte „echte" *Agassi* (limitierte Auflage!), den ich mir mal mitten in der Nacht mit zwei Mausklicks gegönnt habe. Ich trage das Paar nur selten und seine Feuertaufe steht noch aus.

Mathieu Le Maux

ANATOMIE EINES SCHUHS

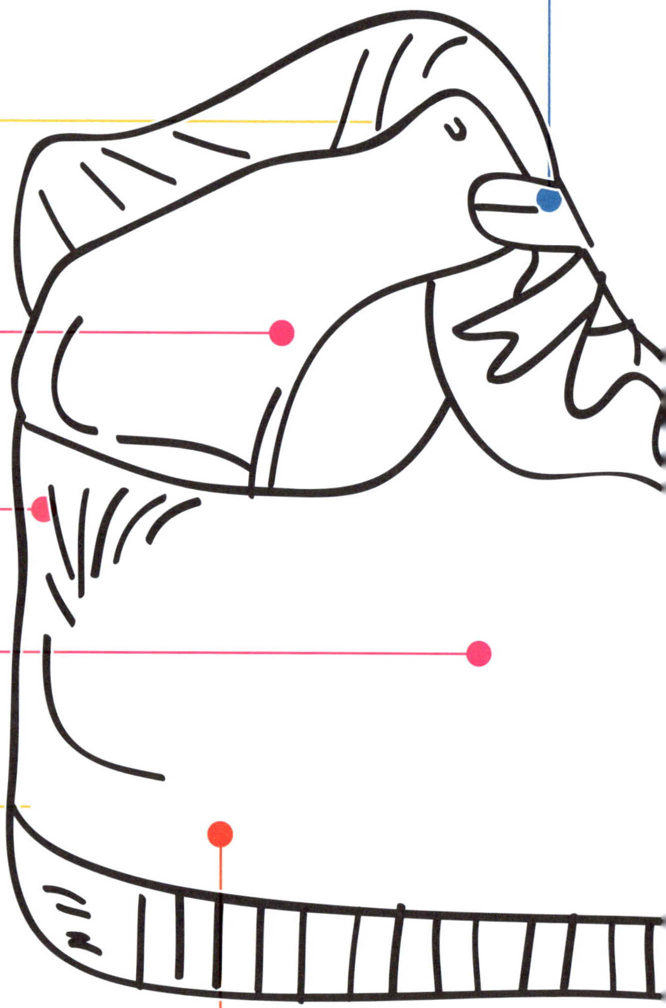

UPPER

Bezeichnet alle Teile des Schuhs oberhalb der Sohle.

HEEL PATCH + SIDE PANEL

Diese beiden Teile des Schuhs sind von strategischer Bedeutung, da die Marken dort ihr Logo platzieren.

MIDSOLE + FERSE

Die Zwischensohle und die Ferse sind zwei wichtige Elemente, die die Stöße und Vibrationen beim Auftreffen des Fußes auf den Boden nach einem Schritt oder Sprung abfedern. Sie standen im Zentrum Dutzender technischer Innovationen. Der Erfolg der Sneakerbranche hängt von diesem Teil des Schuhs ab.

TONGUE

Die Zunge dient dem Schutz und der Stützung von Rist und Knöchelansatz. Sie kann dünn und dezent oder dick und auffällig sein. Neben dem Fersen-Patch und der Seitenwand ist der Bereich oberhalb der Schnürung eine besondere Stelle, an der das Logo, der Name oder das Gesicht und die Unterschrift eines Botschafters der Marke platziert werden.

LACES

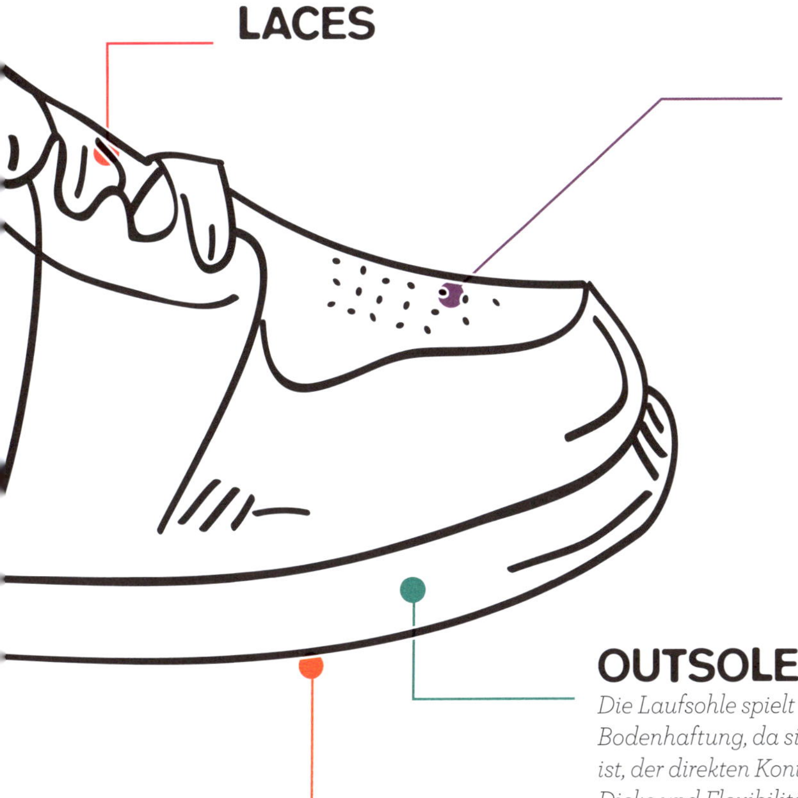

TOE BOX

Die Toe box ist der Zehenraum, welcher die schwierige Aufgabe hat, die Zehen so gut wie möglich zu schützen, ohne sie einzuengen, und gleichzeitig ihre Belüftung zu gewährleisten. Die Toe boxes waren ursprünglich aus Leder und werden heute aus hochwertigen synthetischen Materialien hergestellt.

OUTSOLE

Die Laufsohle spielt eine Schlüsselrolle bei der Bodenhaftung, da sie der einzige Teil des Schuhs ist, der direkten Kontakt mit dem Boden hat. Die Dicke und Flexibilität der Laufsohle hängt von der Sportart ab, für die der Schuh bestimmt ist.

FOREFOOT

Der Vorfußbereich ist je nach Modell eine Verlängerung oder Ergänzung der Zwischensohle und richtet sich nach der Sportart, für die der Schuh bestimmt ist. Er muss immer so geschmeidig wie möglich sein, um dem Beugepunkt der Zehen zu entsprechen.

1

DER WEG ZUR IKONE

DER MARKEN-KULT

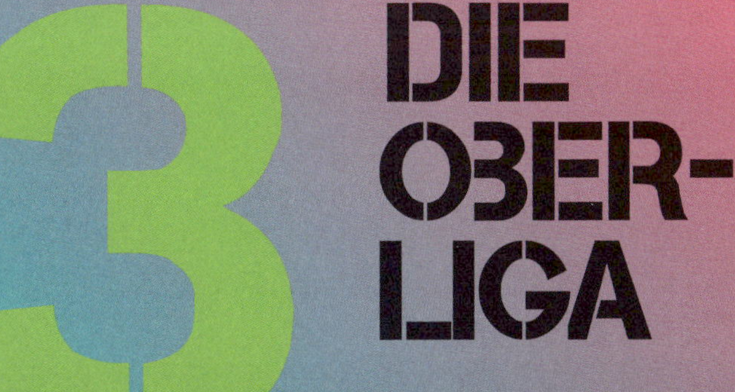

DIE OBER-LIGA

DER WEG ZUR IKONE

STAN SMITH
FREESTYLE
CORTEZ
CLYDE
576
CLASSIC
SUPERSTAR
TOP STAR
AIR JORDAN 1
EASY RIDER
MEXICO
AIR MAX
AMERICANA HI 88
ARTHUR ASHE
PUMP
FITNESS
G1
CHUCK TAYLOR ALL STAR
SL 72 & SL 76
AIR FORCE 1
CLASSIC LEATHER
ROYAL
AUTHENTIC
ZX 8000
HUARACHE
576
CLASSIC
SUPERSTAR
TOP STAR
AIR JORDAN 1
EASY RIDER
MEXICO
AIR MAX
AMERICANA HI 88
ARTHUR ASHE
PUMP
FITNESS
G1
CHUCK TAYLOR ALL STAR
SL 72 & SL 76
AIR FORCE 1
CLASSIC LEATHER
ROYAL
AUTHENTIC
ZX 8000
HUARACHE
576
CLASSIC
SUPERSTAR
TOP STAR
AIR JORDAN 1
EASY RIDER
MEXICO
AIR MAX
AMERICANA HI 88
ARTHUR ASHE
PUMP

Ein Sneaker wird nicht als Ikone geboren, er entwickelt sich dazu. Wie? Indem er von einem Sportler, einem Künstler, einem Trend oder einer Massenbewegung entdeckt wird und dadurch selbst zum Massenphänomen avanciert. So wie der *Air Jordan*. Dank eines charismatischen Sportlers wurde er zum Symbol einer ganzen Generation. Der *Superstar* verdankt seinen Ruhm der Rapper-Band Run-DMC, die ihn mit einem Song zu ihrem Bannerträger katapultierte. Andere Modelle hatten das Glück, von einem TV-Cop (*Starsky & Hutch, SL 72*), einem Kinostar (Bruce Lee, Onitsuka Tiger *Mexico 66*), einer Poplegende (John Lennon, Spring Court), einem Musikstil (Hip-Hop) oder einem Freizeittrend (Fitness, Skateboarden, Laufen) auserkoren zu werden. Designer wie Tinker Hatfield (der Vater von *Air Max* und *Huarache*) und revolutionäre Technologien (Reebok Pump) haben zwar Wege vorgezeichnet, aber viele Sneaker wurden wie durch ein Wunder zum Kult – einzig das Diktat der Straße mit ihren Codes und Gepflogenheiten bestimmte ihr Schicksal. Hinter manchen Sneakern steht eine starke Story, die ihnen einen raketenhaften, wenn auch manchmal nur kurzfristigen Aufstieg bescherte. Andere Modelle wie *Stan Smith* von Adidas, *Classic* von Reebok oder *Chuck Taylor* von Converse wurden das heiß geliebte Accessoire von Millionen Menschen oder gar einer ganzen Nation, ohne dass jemand erklären könnte, warum. Und die wahren Fans bleiben „ihrem“ Sneaker treu, bis er aus den Ladenregalen verschwindet.

EINFACH KULT

2011

Adidas kündigte an, die Produktion des Stan wegen angeblich schlechter Verkaufszahlen einzustellen. Dabei war die Strategie, durch Verknappung die Nachfrage zu steigern. Die Neuauflage 2014 war ein voller Erfolg.

ROBERT HAILLET
Das Original

STAN SMITH 2
Mit Klettverschluss

STAN SMITH HIGH/WMN
Kein Kommentar

„Viele Spieler trugen ihn, weil er einfach der Beste war. Aber es ging ihnen gegen den Strich, dass er nach mir benannt war.“

Stan Smith

Klare Linien, weißes Leder, kompakte Silhouette: Damit traf der *Stan Smith* bei Sneaker-Fans ins Schwarze. Ein Wunderschuh.

Auf Anfrage von Horst Dassler, Direktor von Adidas, konzipierte der französische Tennisspieler Robert Haillet 1963 den ersten Tennisschuh aus Leder. Seine Kollegen verletzten sich damals noch die Knöchel, weil sie in Leinenschuhen spielten, die keinen Halt boten. Haillets Modell mit einem Schaft aus weichem Leder, der direkt auf die Sohle genäht wurde, erwies sich als technologische Meisterleistung. Acht Jahre später verpflichtete Adidas einen der großen Tennisstars der Zeit: Stan Smith, Gewinner der US Open 1971 und Stütze des US-Teams im Daviscup. Drei Jahre lang stand der Name des 25-jährigen Kaliforniers neben dem des mäßig erfolgreichen Franzosen. Dann prangte nur noch *Stan* auf der Seite des Sportschuhs. Anfang der 1980er-Jahre war er nicht mehr nur auf Tennisplätzen zu Hause, sondern hatte begonnen, die Straße zu erobern. Ob einfache Arbeiter, Professoren oder Studenten in Levis 501 und Lederjacke, alle trugen den Tennisschuh. Zehn Jahre später hüpften selbst Rapper darin über die Bühne und mit knapp 22 Millionen verkauften Exemplaren schaffte er es schließlich sogar ins *Guinnessbuch der Rekorde*. Seither ist *Stan* ein Basis-Accessoire für „Casual Chic“ und wird von gesetzten Althippies ebenso heiß geliebt wie von Fashion Victims. Das Erkennungszeichen des Modedesigners Marc Jacobs wurde von großen Luxusmarken tausendfach kopiert, aber der zeitlose Nimbus des Originals bleibt unerreicht.

D-MARK

So viel kostete der Stan Smith *in den 1980er-Jahren. Das sind rund 45 Euro. Heute liegt der Preis bei 120 Euro.*

STAN SMITH PHARRELL WILLIAMS

Witzig und poppig

STAN SMITH RAF SIMONS

Modisch in Farbe

STAN SMITH CONSORTIUM

Reptil-Look

STAN SMITH, EINE IKONE FAST WIDER WILLEN

Wir vergessen oft, dass hinter dem Namen dieses berühmten Schuhs ein Mann steht, der Tennisspieler Stanley Roger Smith, Anfang der 1970er-Jahre Weltranglistenerster und Gewinner von sieben Davis Cups.

Smith wird seit 30 Jahren nicht müde, seine Geschichte zu erzählen: „Mein Name ist weltbekannt, dank eines Schuhs. Er steht auf 40 Millionen Paaren, aber oft weiß niemand etwas über mich oder mein Leben“, erzählte er uns ohne Bitterkeit an einem Tag im April 2009 im Pariser Adidas-Store. Zuvor hatte er ein Dutzend Paar strahlend weißer Schuhe für einige Kinder signiert, die diesem schnauzbärtigen Opa erstaunt gegenüberstanden. Der Weltranglistenerste von 1972 und 1973, Gewinner zweier Grand-Slam-Turniere und von sieben Davis-Cup-Turnieren hat sich nie darüber beschwert, dass man ihn viel eher aufgrund des Schuhs wiedererkennt, der seinen Namen trägt, als wegen anderer Dinge. Ganz im Gegenteil, erklärt er: „Zu meiner Zeit verdiente niemand auf dem Platz ein Vermögen, so wie heute. Als Adidas sich für mich entschied [1971], wurde ich sofort zu jemand Privilegiertem, der sehr beneidet wurde. Ich erinnere mich an einen südamerikanischen Spieler, der von Lotto gesponsert wurde. Er hatte ein Paar *Stans* genommen und mit dem Aufnäher seiner Marke versehen. Ich sagte zu ihm: „Hey, das sind meine Schuhe, die du da anhast!“ Worauf er antwortete: „Ja, aber bitte, Stan, sag es niemandem.“ Viele Spieler trugen den *Stan*, weil er der Beste war, und gleichzeitig irritierte es einige Leute, dass mein Name darauf stand. Nach all dieser Zeit und dem Erfolg, der damit einherging, hat mir der *Stan* viel Geld eingebracht, worüber sollte ich mich also beschweren?“ Heute leitet Smith eine Firma für Sportevents und eine Tennisschule. Der Mann, der ungeachtet seiner selbst zu einer Stilikone wurde, erzielt immer noch 50 bis 60 % seiner Einnahmen mit dem Schuh, der ihm so viel Ruhm eingebracht hat: „Der *Stan Smith* machte mich eher zu einem Unternehmer als zu einem Dandy“, scherzt er. „Aber das Erstaunlichste an diesem Schuh ist, dass er zu allen passt, zu normalen Menschen ebenso wie zu Stars, z. B. Usher oder Pharrell Williams. Darin liegt seine wahre Kraft.“

Stanley Roger Smith, *hier beim Aufschlag bei den French Open 1978, war von 1972 bis 1973 einer der allerersten Weltranglistenersten im Tennis, bevor er zu einer Ikone der Sneaker-Kultur wurde.*

ADIDAS STAN SMITH GALERIE

VINTAGE BLAU

ADIDAS X PHARRELL WILLIAMS

STAR WARS X ADIDAS MILLENIUM FALCON

KERMIT THE FROG

BATTLE PACK

ADIDAS X CLOT

LUXURY PACK - SHARK WHITE

OIL SPILL

ADIDAS X CLUB 75

VINTAGE ROT

ADIDAS X PHARRELL WILLIAMS SOLID PACK BLAU

CORE BLACK & LEOPARD

ADIDAS X THE HUNDREDS

CONSORTIUM - PLAY

ADIDAS X CNCPTS

PRIMEKNIT

ADIDAS X PHARRELL WILLIAMS COLETTE

ADIDAS X NEIGHBORHOOD

ADIDAS X PHARRELL WILLIAMS TENNIS PACK II

ADIDAS X PHARRELL WILLIAMS TENNIS PACK I

ADIDAS X PHARRELL WILLIAMS SOLID PACK ROT

CHALK 2

CHALK

LIMITIERTE AUFLAGE OSTRICH LEATHER

ADIDAS X OPENING CEREMONY

ADIDAS X OC

WOVEN

BASEBALL LEGACY

ADIDAS X OPENING CEREMONY

MASTERMIND

EIN SYMBOL DER „GIRL POWER"

1984

Zwei Jahre nach der Markteinführung des Freestyle *machte Reebok damit die Hälfte seines Umsatzes.*

REIGN BOW
Eine Legende der 1980er-Jahre

FREESTYLE WHITE
Das Modell der Cheerleaders

EX-O-FIT
Die Version für „ihn"

EX-O-FIT

So heißt die Freestyle-Version für Herren, die fünf Jahre später herauskam.

In seiner vierzigjährigen Laufzeit hat der Damensportschuh den Sprung aus dem Aerobicstudio in die Konzertsäle des Electropop geschafft.

1982 brachte Reebok das knöchelhohe Modell speziell für Frauen heraus, aus anschmiegsamem Leder mit Frotteepolsterung und den beiden Klettverschlussstreifen. Damals lag Aerobic voll im Trend und der Run auf die Fitnessstudios begann. Sehr schnell wurde der *Freestyle* unentbehrlich, sei es beim Walken, Work-out, Tanzen oder bei den Cheerleaders amerikanischer Basketballteams (die Los Angeles Lakers Girls werden von Reebok gesponsert). Wie viele seiner männlichen Pendants schaffte der Damenschuh den Sprung auf die Straße – wobei die amerikanische Schauspielerin Cybill Shepherd als Sprungbrett diente, als sie am 22. September 1985 bei den Emmy Awards in schwarzem Abendkleid und knallorangen *Freestyles* auflief. Ob mit Jeans, Shorts, Nylonstrümpfen oder Leggins, der Schuh machte in allen Kombinationen eine gute Figur und wurde zu einer Ikone der Olivia-Newton-John-Generation. Bei deren Kindern ist er auch 30 Jahre später noch angesagt – was erst kürzlich die französische Electropopsängerin Yelle bewies, die das legendäre, ewig junge Modell auf der Bühne trug.

307

MILLIONEN US-DOLLAR

Das war der weltweite Jahresumsatz des Freestyle *1985 – verglichen mit „nur" 3,5 Millionen 1982.*

FREESTYLE WORLD TOUR (MADRID)

Das Sondermodell *„Madrid"*

FREESTYLE 25TH ANNIVERSARY

Eine Hommage an das Original

GRAPHIC

Elegant gemustert

DAS HUHN, DAS GOLDENE EIER LEGT

1968

Bill Bowerman, Lauftrainer und Mitbegründer von Nike, entwarf den Cortez schon vier Jahre vor dessen Markteinführung.

FORREST GUMP
Version 2012

CORTEZ BLACK & WHITE
Favorit von Jugendgangs

ART & SOLE PACK
Zum 40. Geburtstag

NIKE ID

Mit dem Cortez startete 2003 das Konzept der personalisierbaren Schuhe.

Ihm verdanken Phil Knight und Bill Bowerman alles: Mit dem *Cortez* landete ihre frisch gegründete Firma Nike 1972 gleich den ganz großen Wurf.

„An dem Tag, ohne irgendeinen besonderen Grund, beschloss ich, ein bisschen zu laufen.“ So beginnt Tom Hanks langer, abenteuerlicher Weg in *Forrest Gump*, auf dem er das Laufen als Therapie und dabei zuerst sein Dorf, dann seine Region, seinen Bundesstaat und schließlich sein Land entdeckt. Das alles in einem Paar *Cortez*, denen er bis ans Ende treu bleibt. Das Modell kam ursprünglich unter dem Namen *Tiger Corsair* auf den Markt, als Produkt von Blue Ribbon Sports, der Vorgängerfirma von Nike, und deren japanischem Partner Onitsuka Tiger. Doch erst als sich das Unternehmen mit dem „Swoosh“-Logo neu formierte, eroberte der erste Laufschuh der Welt nach seiner Premiere bei den Olympischen Spielen in München 1972 die Massen. Innerhalb von nur einem Jahr steigerte der *Cortez* den Umsatz von 8000 auf 800 000 US-Dollar und machte Nike zu einer Firma von Weltrang. Der bequeme, minimalistische Schuh und seine zahllosen Varianten, darunter die Damenversion *Señorita*, erfreuten sich konstanter Beliebtheit, ob bei der Hip-Hop-Generation der 1990er-Jahre oder in den Gymnastiksälen amerikanischer Seniorenheime. Einziger dunkler Fleck in der Erfolgsgeschichte: Das schwarz-weiße Modell gilt als Markenzeichen mexikanischer Gangs an der Westküste; im Januar 2013 sollen vier Jugendliche bei einer Schießerei getötet worden sein, weil sie das Modell trugen.

NIKE CORTEZ ID
Personalisierte Modelle ab 2003

NYLON (QUILTED PACK)
Ultraschick mit Schaft aus Nylon

ONITSUKA TIGER CORSAIR
Der Vorgänger

FORREST GUMP, 1994

Jenny schenkt Forrest ein Paar Nike Cortez, die speziell zum Laufen gemacht sind, und er joggt daraufhin mehr als drei Jahre lang quer durch die USA, um seinen Liebeskummer zu vergessen. Diese Szene aus dem Film von Robert Zemeckis – einer Momentaufnahme der Vereinigten Staaten in den 1950ern bis 1980ern – veranschaulicht den Jogging-Boom der frühen 1970er.

DREI ENGEL FÜR CHARLIE, 1976

Farrah Fawcett – alias Jill Munroe in dieser Kultserie aus den 1970er-Jahren – am Set der zehnten Folge der ersten Staffel.

FUSSABDRUCK IN DER GESCHICHTE

1971

kam der Pelé Brasil *auf den Markt, eine Weiterentwicklung des* Clyde.

PUMA SUEDE

Die große Schwester

PUMA CLYDE GREEN

Eine der vielen Farbvarianten

PUMA CLYDE X FRANKLIN MARSHALL

Vintage-Modell in limitierter Auflage

„1973 verlor ich bei einem Match einen Schuh. Aber ich habe weitergespielt. Seitdem waren die Schuhe ein Thema."

Walt Frazier

Das aus dem Puma *Suede* hervorgegangene Modell für den Basketballspieler Walt „Clyde" Frazier hat die Musikszene genreübergreifend erobert.

1968 traf Puma-Firmengründer Rudolf Dassler den Spielemacher der New York Knicks, Walt Frazier – auch „Clyde" genannt, weil er dem Gegner mit der gleichen Geschicklichkeit wie das Gangsterpärchen Bonny & Clyde den Ball abstaubte. Frazier liebte exzentrische Outfits und bestellte bei Dassler ein Spezialmodell. Im selben Jahr reckte Tommie Smith, Goldmedaillengewinner im 200-Meter-Lauf bei den Olympischen Spielen in Mexiko, die symbolische Faust der Black-Panther-Bewegung in die Luft, während die amerikanische Nationalhymne zur Siegerehrung erklang. Als Symbol für die Armut der schwarzen Bevölkerung in den USA hatte er seine weißen Puma *Suede* demonstrativ ausgezogen, bevor er das Podium bestieg. Das damit unsterblich gemachte Modell diente als Vorlage für den 1973 herausgebrachten *Clyde*, der jedoch kein Fersenlogo sowie eine dünnere, breitere Sohle hatte. Er wurde zunächst von Skatern, dann von der Musikszene adoptiert. Ob B-Boys, Rastas, Grunge-Bands oder Fans von Acid Jazz, alle verliebten sich in das Modell aus Wildleder, das sich auch für den Trend der *fat laces* nicht zu schade war. *Clyde* gibt es in zahllosen verschiedenen Farben und ist bis heute der unangefochtene Bestseller von Puma.

2

Modelle machten ihm Konkurrenz: der Superstar *in der Hip-Hop-Szene und die* Gazelle *bei den Acid-Jazz-Fans.*

PUMA PELÉ BRASIL
Abstecher zum Fußball

CLYDE FRAZIER „ALL GOLD"
Limitierte Auflage

FAT LACES
Superbreite Schnürsenkel

PUMA CLYDE GALERIE

CLYDE X UNDEFEATED LUXE 2

URB PACK

LEATHER FS

COVERBLOCK

PUMA CLYDE EASTER

GAMETIME

JET SET

PUMA CLYDE X VAUGHN BODE

MOTHKING

YO! MTV RAPS X PUMA CLYDE

MICRODOT

PUMA CLYDE X UNDEFEATED
BALLISTIC PACK

PUMA CLYDE X MITA SNEAKER

CLYDE WALT FRAZIER

SERGIO ROSSI

PUMA CLYDE X UNDEFEATED SNAKE SKIN

SNEAKERS'N STUFF X PUMA

STRIPE OFF

TC LODGE

PUMA CLYDE X TOMMIE SMITH MEXICO CITY PACK

SUEDE ANIMAL PACK

CLYDE SURVIVAL RED

VAULT - LONDON

NEW YORK

FUTURE CLYDE LITE

NYLON EDITION

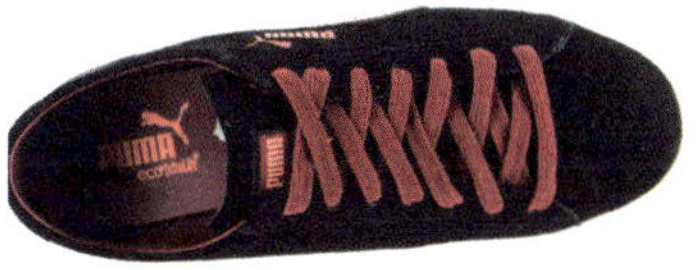

ECO ORTHOLITE

PUMA CLYDE X JEFF STAPLE PIGEON

SCRIPT

YO! MTV RAPS X PUMA CLYDE

DIE MODEWELT WAR DIE RETTUNG

PUB PACK
Der Stadt-Sneaker

574
Die Zwillingsschwester

20TH ANNIVERSARY
Das Jubiläumsmodell

58

verschiedene Teile sind notwendig, um einen 576 herzustellen.

PHARRELL WILLIAMS

Bevor der amerikanische Musiker bei Adidas unterschrieb, war er einer der „inoffiziellen" Botschafter des 576.

Der Darling cooler Mittvierziger und stylisher Fashionistas wird in Europa hergestellt und hat eine bewegte Geschichte.

Flimby ist ein 2000-Seelen-Dorf an der Westküste Englands. Kaum zu glauben, dass hier zwischen grünen, von Schwarzkopfschafen bevölkerten Hügeln eine amerikanische Firma jährlich über eine halbe Million Paare des Modells *576* produziert – nachdem dessen Markteinführung 1988 ein Flop gewesen war. Ein deutscher Geschäftsmann hat die Lagerbestände in Boston aufgekauft und mit Erfolg erst in Deutschland, dann auch in Italien und Frankreich vermarktet. Modemacher in Paris erkannten in dem damals recht eigenwilligen Sneaker-Design den radikalen Schick eines Helmut Lang oder den lässigen Luxus eines Ralph Lauren wieder. Ab da ging es aufwärts. Die jährlichen Verkaufszahlen erreichten bis zu 16 Millionen weltweit. 1998 erschien der *576* auf dem Titelbild des Modemagazins *Elle*, das anlässlich der Fußball-WM drei Topmodels in Fußballkleidung gesteckt hatte. Für eine Firma, die sich bis dahin ohne Unterstützung von Spitzensportlern oder anderen Promis gehalten hatte, war das die perfekte Werbung. Nach einer Durststrecke in der ersten Dekade des neuen Jahrtausends – bedingt durch eine unglückliche Farbauswahl – hat der *576* momentan wieder ein Comeback. Wie so vieles in der Modewelt.

Der 576 ist made in UK. Seine amerikanische Zwillingsschwester heißt 574.

CROOKED TONGUES
So schräg wie London

WILL & KATE
Der Königliche

CHINA MASK
Peking 2008

NEW BALANCE AUF DEM COVER

Das Cover der Juni-Ausgabe 1998 der französischen Ausgabe der Zeitschrift Elle. Dadurch wurde die Marke, die im Lifestyle-Sektor ins Hintertreffen geraten war, wiederbelebt.

AUF PHARRELLS FÜSSEN

Bevor er von Adidas unter Vertrag genommen wurde, trug der Rapper Pharrell Williams auf der Bühne regelmäßig den New Balance 574. Dies war im Grunde genommen kostenlose Werbung für eine Marke, die vor 2013 und ihrer Partnerschaft mit dem kanadischen Tennisspieler Milos Raonic noch nie die Dienste eines Markenbotschafters in Anspruch genommen hatte.

ML574

ML574APB

M576BRM

ML574BL

ML574CPR

M574CVN

ML574FTG GREEN

ML574GS

ML576 FRANCE

ML576 THREE PEAKS PACK

ML576 CHINA MASK

ML576FC

M576MOD

ML576 TEA PACK - PEPPERMINT

ML576PGT

ML576TPM

ML576RED

ML576PUN

WL574 NEON PACK - NED

WL574APP

WL574CPW

WL574RP

WL574SBS

WL574PBU

ML574RFO

M576KGS

M576TGY TEA PACK - EARLGREY

M576DNW

M576SRB

M576 PUB PACK

GANZ BESONDERE FÜNF STREIFEN

2014

launchte K-Swiss seine Vintage-Modelle mit Ed Westwick, einem der Stars in der TV-Serie Gossip Girl.

CLASSIC

Fünf Streifen auf der Seite und zwei auf der Kappe

CLASSIC LITE

Mit Leinenschaft

LUXURY EDITION

Bequemer gehts nicht

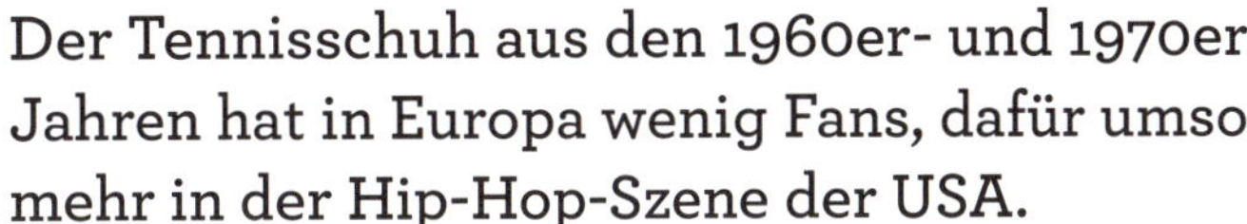

Der Tennisschuh aus den 1960er- und 1970er-Jahren hat in Europa wenig Fans, dafür umso mehr in der Hip-Hop-Szene der USA.

„Oh shit my nigga look at that bitch / That bitch got on K-Swiss"

Aus dem Song *K-Swiss* des Rappers Alex Wiley (2013)

Kein Sportschuh hat mehr Streifen als der K-Swiss: fünf. Dazu kommen die beiden auf der Kappe des *Classic*, mit dem die kalifornische Firma 1966 die Tennisbranche ins Visier nahm. Erstaunlicherweise hatte sie mit ihrem biederen Design Erfolg (Streifenschnürung mit D-förmigen Metallösen, einheitlich weißes Leder), auch wenn ihr oft vorgeworfen wurde, die berühmten Adidas-Streifen zu kopieren. Gründer des Unternehmens waren die beiden Schweizer Brüder Art und Ernie Brunner, die bald auch die aerobicverrückte Damenwelt als potenzielle Kunden entdeckten. Dazu gesellten sich urbane Graffitikünstler und Hipster, die sich von den „gewöhnlichen" Sneaker-Trägern absetzen wollten. Einen Beweis dafür, wie cool die Marke inzwischen geworden ist, liefern die Werbeverträge mit Rocksängerin Gwen Stefani und prominenten US-Rappern. Wie solide das Schuhwerk ist, zeigte der Extremsportler Sébastien Foucan, der sie bei der Verfolgungsjagd zu Beginn des Films *James Bond 007 – Casino Royale* trägt.

SWIZZ BEATZ

ist der Künstlername des New Yorker Rappers Kasseem Dean, der schon in seiner Kindheit so genannt wurde, weil er Schuhe von K-Swiss trug.

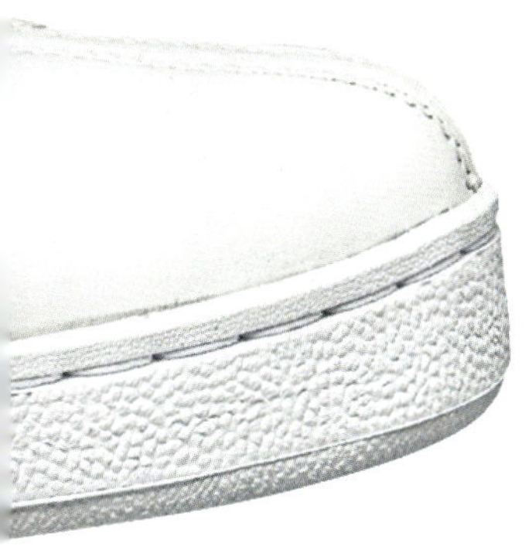

K-SWISS GOWMET
Vom Tennis zum Basketball

K-SWISS X PARTNERS & SPADE
In stark limitierter Auflage

ELEMENT PACK
Wasserdicht

IM RAP-UNIVERSUM

75 %

der NBA-Basketballer trugen Anfang der 1970er-Jahre auf dem Spielfeld den Superstar.

RUN-DMC SUPERSTAR
Ein Mythos: ohne Schnürsenkel

PRO MODEL
Die Edelversion

CLEAN PACK
Schlicht und einfach

„Me and my Adidas do the illest things / We like to stomp out pimps with diamond rings"

Aus dem Song *My Adidas* von Run-DMC

Run-DMC machte ihn zur Ikone der Hip-Hop-Kultur, 2014/2015 feierte der Sneaker ein phänomenales Comeback.

Dem ersten niedrigen Basketballschuh aus Leder erging es ähnlich wie vielen Konkurrenzmodellen: Nach seiner Markteinführung 1969 verhalf ihm ein Sportstar, die NBA-Legende Kareem Abdul-Jabbar, zu ewigem Ruhm. 15 Jahre später wurde er von der Hip-Hop-Szene vereinnahmt und schließlich zum Lieblingskind der Straße. Aber vor allem ist der Sneaker, dessen in Frankreich gefertigte Modelle aufgrund besserer Verarbeitung besonders begehrt sind, untrennbar verbunden mit der Rap-Combo Run-DMC. Mit *My Adidas* sang sie 1986 nicht nur eine Lobeshymne, sondern führte nebenbei auch die Mode der heraussstehenden Zunge und offenen Schnürsenkel ein. Vor allem die *shell toes* mit den muschelförmig verlaufenden Nähten auf der Zehenkappe wurden zum Markenzeichen der Szene. Adidas erkannte das Marktpotenzial der Band aus Queens und nahm sie für eine Million US-Dollar unter Vertrag. Damit war sie das erste Zugpferd eines Sportartikelherstellers, das nichts mit Sport zu tun hatte. Mitte der 1990er-Jahre erfasste der rebellische Charme des *Superstar* auch die Skater-Community, gefolgt von der alternativen Collegeszene und den New Yorker B-Boys, die die *fat laces* (superbreite Schnürsenkel) favorisierten. 2005 brachte Adidas zum 35. Geburtstag 35 von Künstlern personalisierte Modelle heraus. Mittlerweile kann jeder auf der Adidas-Website „sein" individuelles Modell kreieren.

METAL TOE
Freche Kappe

SUPERSTAR X PHARRELL WILLIAMS
Mit bolivianischem Muster

DELUXE
Trendsetter

ADIDAS SUPERSTAR GALERIE

RITA ORA X ADIDAS SUPERSTAR

EDITION BRONX

SUPERSTAR GOLF

SUPERSTAR OG BLACK

YEAR OF THE HORSE

"MY ADIDAS"

CHINESE NEW YEAR

PHARRELL WILLIAMS X ADIDAS ORIGINALS SUPERCOLOR PACK

CLOT X KAZUKI X ADIDAS SUPERSTAR ROYAL BLUE

BLOOD DRIP

NEIGHBORHOOD X ADIDAS SUPERSTAR

RITA ORA X ADIDAS SUPERSTAR O RAY PACK

GRAFFITI

JAMES BOND

UNION X ADIDAS SUPERSTAR

KERMIT THE FROG

WATERMELON

KEITH HARING X ADIDAS SUPERSTAR

RITA ORA X ADIDAS SUPERSTAR

TRIBE (BLUE SNAKE)

THREE WAYS

CLOT X ADIDAS SUPERSTAR DARKSIDE

DOT CAMO PACK

MADE IN FRANCE

SUPERSTAR BY NIGO

SCREEN

PHARRELL WILLIAMS X ADIDAS ORIGINALS SUPERCOLOR PACK

FOOT PATROL X ADIDAS SUPERSTAR

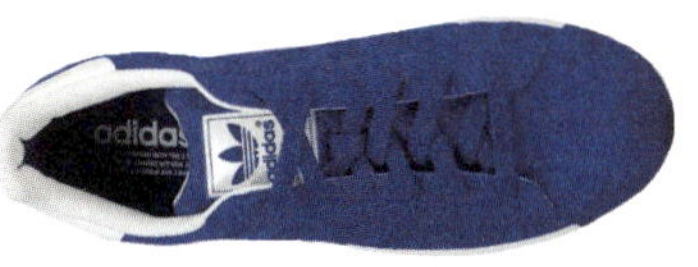

NYLON PACK - TEAL ROYAL

SUPERSTAR OG RED

FASHION VICTIM

TOP STAR X COLETTE
Französischer Touch

TOP STAR MARK MCNAIRY
Tierisch gestylt

PONY X DEE & RICKY
Alles andere als klassisch

In den 1970er-Jahren waren sie unter Basketballern gang und gäbe, heute sind *Top Stars* begehrte Sammlerstücke.

Schon vor *Air Jordan*, dem Dream Team von Barcelona und den total verrückten 1990er-Jahren hatte der Basketball mit der American Basketball Association (ABA) eine goldene Ära. Die 1967 gegründete Profiliga, die neun Jahre später in der NBA aufging, wurde von Pony gesponsert und diente 1975 als Plattform für die Einführung des *Top Star*. Der Schuh aus Glatt- oder Wildleder in den jeweiligen Vereinsfarben gehörte ebenso zum Look der damaligen Basketballstars wie Afrofrisuren und bis zu den Knien hochgezogene Strümpfe. Mit der Zeit eroberte er auch die Stadtviertel im Norden von New York, zusammen mit seinen Schwestern *Uptown* und *City Wings*. Letztere gewannen in den 1980er-Jahren die Oberhand. Aber die Konkurrenz schlief nicht. Schon bald hatten Nike und Konsorten die Nase vorn und Pony-Sneaker fanden sich in den Ramschregalen der Billigläden wieder. Seit der *Top Star* 2004 neu aufgelegt wurde, haben sich diverse angesagte Designer und Boutiquen (Dee & Ricky, Mark McNairy, Colette) seiner angenommen und ihm zu einer zweiten Jugend verholfen.

TOP STAR LOW
Dafür hier sehr dezent

TOP STAR X FOOTPATROL
Britisch unterkühlt

TOP STAR X MADE IN BROOKLYN
Das B-Boy-Modell

DER SCHÖNE REBELL

AIR JORDAN 1
Rot-weiß, der NBA zuliebe

AIR JORDAN 6 INFRARED
Schwer zu finden

AIR JORDAN 2
Made in Italy

90 MILLIONEN US-DOLLAR

So viel hat Michael Jordan 2013 durch den Umsatz an Sneakern verdient, an dem er mit 6 % beteiligt ist.

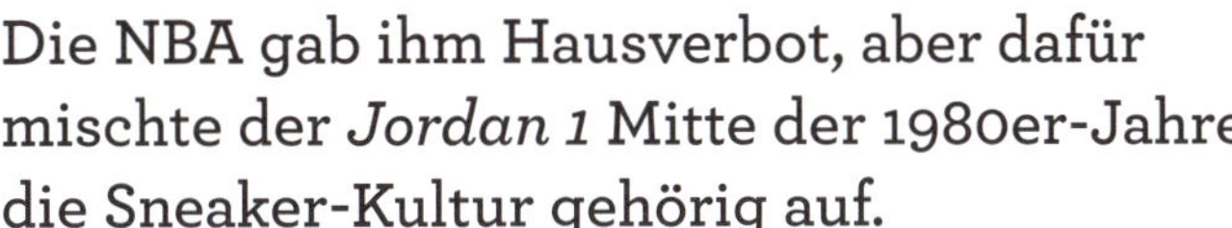

Die NBA gab ihm Hausverbot, aber dafür mischte der *Jordan 1* Mitte der 1980er-Jahre die Sneaker-Kultur gehörig auf.

Die Frage „Welche Schuhe würdest du auf eine einsame Insel mitnehmen?“ würde ein Sneaker-Fan höchstwahrscheinlich ohne zu zögern mit „*Air Jordan*“ beantworten. Und zwar nicht irgendeines der 26 Jahresmodelle und ihrer unzähligen Varianten, sondern – logisch – den *Jordan 1*. Kein Sneaker wird weltweit so verehrt wie das Modell der charismatischen Basketballikone, das mittlerweile fast als Kultobjekt gilt. Dabei wäre es um ein Haar nie über die Geburtswehen hinausgekommen. Zuerst wurde es von seinem Namensgeber abgelehnt. „Darin sehe ich ja aus wie ein Clown!“, meinte der Star der Chicago Bulls. Dann legte die NBA ihr Veto ein, da die Schuhe laut Regelwerk einen gewissen Weißanteil aufweisen müssen. Der schwarz-rote *Air Jordan* kam auf den Index. Aber das vermeintliche Aus erwies sich als unbezahlbare Werbung. Die Öffentlichkeit schlug sich einmütig auf die Seite des Herstellers Nike, der jedes Mal 5000 US-Dollar Strafe zahlte, wenn „MJ“ in besagtem Modell auflief. Nachdem schon das Vorgängermodell *Air Ship* von der NBA abgelehnt worden war, verwandelte Nike die Schmach nun mit einem Werbeslogan in klingende Münze: „Die NBA hat ihn verboten, aber niemand kann *dir* verbieten, ihn zu tragen!“ Der Rest ist Geschichte …

100 MILLIONEN

Anzahl verkaufter Air Jordans *seit 1985 weltweit.*

AIR JORDAN 3
Der erste von Tinker Hatfield

AIR JORDAN 7
Der TV-Star

AIR JORDAN 18
Schlicht und edel

DAS JORDAN-BUSINESS IN 22 STATISTIKEN

Der wohl beste Basketballspieler aller Zeiten ist auch der bestbezahlte Sportler der Welt. Hier sind die Einzelheiten eines sehr lukrativen Unternehmens.

PRIVATES VERMÖGEN

1.7 MILLIARDEN US-DOLLAR

Summe, die Michael Jordan in 40 Jahren außerhalb des Spielfelds dank seiner Werbeverträge, vor allem mit Nike, Coca-Cola, McDonald's und Chevrolet, verdient hat

100 MILLIONEN US-DOLLAR

Vertrag, in dem Michael Jordan 2017 von einem Sponsor angeboten wurde, zwei Stunden lang an einer Veranstaltung teilzunehmen, und den er sich erlaubte abzulehnen

1001

Jordans Rang auf der Forbes-*Liste der reichsten Menschen der Welt des Jahres 2020*

300 MILLIONEN US-DOLLAR

Summe, die Michael Jordan im September 2019 durch den Verkauf von Anteilen an den Charlotte Hornets – eines NBA-Franchise, dessen Hauptanteilseigner (70 %) er nach wie vor ist – erlöst hat.

94 MILLIONEN US-DOLLAR

Michael Jordans Gesamteinnahmen (vor Steuern) als Spieler während seiner 15 Spielzeiten in der NBA (13 mit den Chicago Bulls, zwei mit den Washington Wizards)

145 MILLIONEN US-DOLLAR

Summe, die Nike 2019 an Michael Jordan gezahlt hat

34 246 US-DOLLAR

Michael Jordans Stundenverdienst, wie von Business Insider US *berechnet*

2.1 MILLIONEN US-DOLLAR

Michael Jordans geschätztes Vermögen nach dem Forbes-*Ranking vom Mai 2020*

AIR JORDAN

65 US-DOLLAR
Preis des Air Jordan 1 *1985*

145 US-DOLLAR
Durchschnittspreis eines Air Jordan *im Jahr 2020*

5000 US-DOLLAR
Geldstrafe, die Michael Jordan 1985 für jedes NBA-Spiel zahlte, bei dem er den Jordan 1 *trug*

175 MILLIONEN US-DOLLAR
Umsatz der Air-Jordan-*Verkäufe auf eBay im Jahr 2014*

450 000 US-DOLLAR
Gesamtwert der Exemplare des Air Jordan 1*, die weniger als einen Monat nach ihrer Einführung in den Vereinigten Staaten verkauft wurden*

812 US-DOLLAR
Durchschnittspreis eines Air Jordan 1 High x Fragment *auf eBay*

35 000 US-DOLLAR
Preis für ein Paar Shorts und ein Trikot, die Michael Jordan in seiner letzten Saison bei den Chicago Bulls (1997–1998) getragen hat

95 %
Anteil der Nike- und Jordan-*Sneaker am eBay-Wiederverkaufsmarkt*

36 MILLIONEN US-DOLLAR
Umsatz, den der Air Jordan X „Powder Blue“ *an einem einzigen Tag im Jahr 2014 generierte*

3 STUNDEN
Zeit, die es dauerte, bis der gesamte Bestand des Air Jordan XI „Legend Blue“ *am 20. Dezember 2014 für insgesamt 80 Millionen Dollar verkauft war*

9 MILLIONEN US-DOLLAR
Umsatz, der 2014 durch den Wiederverkauf des Jordan 6 *auf eBay erzielt wurde*

JORDAN BRAND

2.6 MILLIARDEN US-DOLLAR
Gesamtumsatz der Nike-Tochter Jordan Brand 2018–2019, ein Anstieg von 10 % gegenüber dem Vorjahr

58 %
Anteil von Jordan Brand am Basketballschuhmarkt in den Vereinigten Staaten

1600 US-DOLLAR
Preis der teuersten Flasche der Premium-Tequila-Marke, die von Jordan in Zusammenarbeit mit drei anderen NBA-Franchise-Inhabern auf den Markt gebracht wurde

Quellen: sneakers-actus.fr/forbes.com/lefigaro.fr

BOSTON CELTICS
BULLS
23

AJ 1 JAPANESE

AJ 5

AJ 3

AJ 9

AJ 6

AJ 8

AJ 19

AJ 10

AJ 14

AJ 12

AJ 13

AJ 11 BRED

AJ 1 2015

AJ 29 GOAT COLLECTION

AJ 5 X MARVEL
CAPTAIN AMERICA

AJ 4

AJ 20 FUSION HOLIDAY

MELO M10 BHM

AJ 23

AJ 8 RETRO SUGAR RAY

AJ 1 WINGS OF THE FUTURE

AJ 14 FERRARI

AJ 15

AJ 26

AJ 5 DOERNBECHER

AJ 22

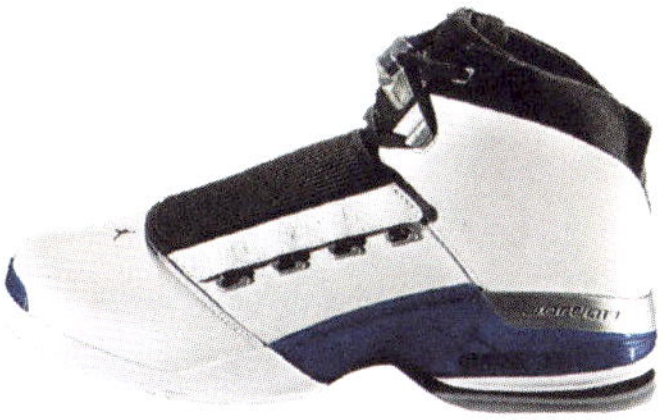

AJ 17

AJ 5 RETRO OREO

AJ 8 AQUA

AJ 16 WHITE METALLIC NAVY

DER ASPHALT-FRESSER

25. OKTOBER
2008
Markteinführung des
Easy Rider „Machine Wash“
in limitierter Auflage

EASY RIDER - SOHLE
Ein völlig neuer Eyecatcher

FAST RIDER
Die große Schwester

EASY RIDER III
Die neue Generation

MAGNUM

Der Easy Rider *vervollständigte Tom Sellecks Hawaii-Look in der berühmten TV-Serie*

Revolution in der Welt des Laufsports: Ende der 1970er-Jahre hatte Puma seinen großen Auftritt.

1978, als das Joggingfieber in den USA rund 26 Millionen Läufer durch die Straßen trieb, mischte Puma den Laufschuhmarkt mit seinen Modellen *Fast Rider* und *Easy Rider* auf. Das Erkennungszeichen der beiden flexiblen und zugleich robusten Modelle waren kleine Noppen, die die gesamte Sohle überzogen – eine revolutionäre Technologie, die von der Konkurrenz schnell kopiert wurde. Sie diente als Dämpfung, bot bessere Bodenhaftung und verhinderte das Rutschen auf regennassen Pisten, was das Laufen in schwierigem Gelände erleichterte. Vor allem Läufer, die abseits geteerter Straßen unterwegs waren, wussten das zu schätzen. Mit kleineren Noppen und eleganterer Silhouette überzeugte der *Easy Rider* die Jogger an der Westküste, die dazu Kniestrümpfe und Shorts mit abgerundetem Beinabschluss trugen. Als *Easy Rider III* wurde das Modell Ende 2008 neu aufgelegt und eroberte im Handumdrehen auch die Herzen der Crossgolfer, BMX-Akrobaten und Trendsetter. Ein gelungener Neuanfang.

RS 100

1986 brachte Puma die kleine Schwester des Easy Rider *heraus.*

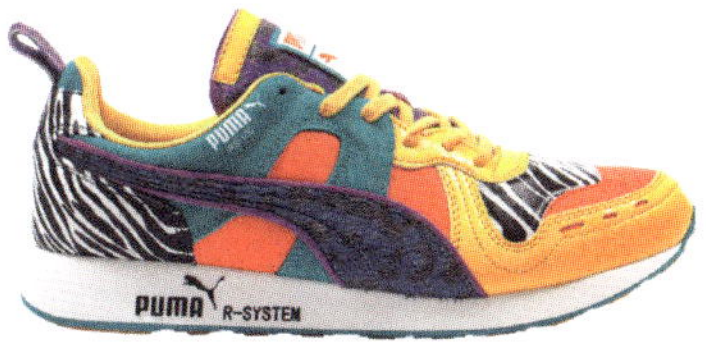

PUMA RS 100

Das Technologiewunder

MACHINE WASH

Der Star der 1970er-Jahre

EASY RIDER BLAU-GELB

Die BMX-Generation

EIN KINOSTAR

1951

Mit der ersten Version des Tiger gewann der japanische Langstreckenläufer Shigeki Tanaka im selben Jahr den Boston-Marathon.

MEXICO 66 GELB-SCHWARZ
Das Modell von Bruce Lee in *Mein letzter Kampf*

TAI-CHI
Der Schuh von Uma Thurman in *Kill Bill*

RIO RUNNER
Ein Nachfolger

Der Tiger *Mexico gehört zu den Lieblingssneakern der Schauspielerin Emma Watson.*

Der erste Sprinterschuh mit dem berühmten Logo der japanischen Firma wurde mit seinem Auftritt in *Bruce Lee – Mein letzter Kampf* unsterblich.

1966 gründete der japanische Schuhmacher Kihachiro Onitsuka eine Firma, die 1972 in Asics umbenannt wurde. Zwei Jahre später marschierte die japanische Nationalmannschaft bei den Olympischen Spielen von Mexiko im Tiger auf. Mit seinem weichen Lederschaft war der Tiger *Mexico* vor allem bei Läufern begehrt. Auf der Seite prangte zum ersten Mal die auffällige, abstrahierte Tigerkralle in Anlehnung an das Firmensymbol von Onitsuka: ein Tigerkopf als Zeichen der Stärke. Zehn Jahre später trug Bruce Lee das Modell in Gelb-Schwarz, als er in *Mein letzter Kampf* Kareem Abdul-Jabbar abservierte. Der berühmte Regisseur Quentin Tarantino war von der Szene so beeindruckt, dass er Uma Thurman 2003 für *Kill Bill* in gleichfarbige Sneaker steckte (Modell *Tai-Chi,* das speziell für Kampfsportarten entwickelt wurde). Das Modell mit der hochgezogenen Ferse wird gern mit dem *Ultimate 81* verwechselt, der sich durch Netzgewebe und Waffelsohle auszeichnet.

Bruce Lees Tiger Mexico *diente als Vorlage für das Modell* Zoom Kobe V *von Nike.*

ESPADRILLE
Die Strandversion

MEXICO 66 MID RUNNER
Hohe Ausführung

NIKE ZOOM KOBE V
Eine Anspielung

EINE BLASE, DIE NICHT PLATZT

2013

Nike bringt eine Neuauflage des Air-Max-Originals heraus.

AIR MAX 180

Sichtbares Air-Element mit 180 Grad

AIR MAX 95

Zum ersten Mal mit Air-Element im vorderen Bereich

AIR MAX 97

Sichtbares Air-Element über die ganze Sohlenlänge

Auch das leuchtende Rot ist eine Hommage an das Centre Pompidou.

Ein Sichtfenster enthüllt das Geheimnis der berühmten Sohle: Der *Air Max* beweist, dass Technologie und Design zum Dream Team werden können.

1986 besuchte der Designer und Vater des Nike *Air Jordan,* Tinker Hatfield, das Centre Georges Pompidou in Paris. Die Rolltreppen und Lüftungsschächte, die die Fassade des Kunstzentrums in transparenten Röhren außen überziehen, inspirierten ihn. Eine geniale Idee wurde geboren: Er zeigte, worauf das Dämpfungssystem des Sportschuhs basiert, indem er es sichtbar machte. So wurde am 26. März 1987 der *Air Max* aus der Taufe gehoben. An der Ferse des rot-weißen Modells eröffnete ein Sichtfenster einen Blick auf die Technologie – das Geheimnis des Konzepts „Nike Air", das die Basketballwelt revolutionierte, war gelüftet. Es setzte sich in unzähligen Nachfolgemodellen fort und 2006 erfüllte sich schließlich der alte Traum des Nike-Designers: eine komplett transparente Sohle mit einem 360-Grad-Air-Element. Bannerträger des *Air Max* war in den 1990er-Jahren die Hip-Hop-Community. Seit die Modeschöpferin Phoebe Philo 2013 zum Abschluss ihrer Show in einem Paar *Air Max* über den Catwalk stolzierte und das illustre Publikum schockte, ist er eindeutig auch ein Fashion Item.

180

Das in die Untersohle integrierte Sichtfenster des 1991 gelaunchten Modells wurde auf ein Air-Element mit 180 Grad erweitert.

AIR MAX 2015
Altes Prinzip, neues Design

AIR MAX TN
Auch „der Hai" genannt

AIR MAX SKYLINE
Ein Kraftpaket

DAS IST EINE REVOLUTION

Die Sohle ist der wichtigste Teil eines Sportschuhs. Werfen wir einen Blick auf die berühmtesten Innovationen.

1917
GUMMI
CONVERSE

Die erste große technologische Revolution in der Sportbranche bewahrte Basketballspieler davor, auf dem Spielfeld auszurutschen.

1946
[1] BELÜFTUNGS-SYSTEM
SPRING COURT

Zehn Jahre nach der Erfindung des G1 – des ersten Schuhs, der speziell für den Tennissport entwickelt wurde und der über eine geklebte Gummisohle verfügte – bohrte Spring Court acht Löcher in den Schuh, um den Fuß zu belüften, und fügte außerdem eine herausnehmbare Einlegesohle hinzu.

1974
WAFFLE
NIKE

Bill Bowerman, der Mitbegründer von Nike, konzipierte diese griffige Sohle, die die sportliche Leistung steigern und das Design künftiger Sportschuhe für immer verändern sollte.

Eines Tages, auf dem Höhepunkt seines Ruhms, erklärte Michael Jordan, seine Leistungen auf den NBA-Plätzen hingen nicht von der Qualität seiner Schuhe ab, sondern davon, was er selbst damit anstelle. Das ist eine Möglichkeit, eine laufende Debatte zu entscheiden: Wo beginnt und wo endet der wahre Nutzen einer technologischen Innovation? Diese Frage beschäftigt die Sportausrüster seit den frühen 1990er-Jahren. Dabei bildet die Sohle das Herzstück, auf das sich Forschung und Entwicklung größtenteils konzentrieren – die großen Marken arbeiten an der Verbesserung ihrer Flexibilität, ihrer Kraft und ihrer stoßdämpfenden Eigenschaften. Skeptiker halten all das für reinen Marketing-Hokuspokus, ja sogar für Betrug. So sehen es auch die Anhänger der Barfußlaufbewegung, unterstützt von der Harvard University. Sie kritisieren an den stoßdämpfenden Schuhen, dass sie die natürliche Bewegung des Fußes (Auftreten mit dem Vorderfuß) beeinträchtigen, indem sie dazu verleiten, mit der Ferse zuerst auf den Boden aufzukommen. Es ist schwer zu sagen, wer recht hat, zumal Sportpodologen auf die Bedeutung von vibrationshemmenden Schuhen hinweisen würden. Und die Hersteller führen eine Innovation nach der anderen ein. Es vergeht kein Jahr, in dem nicht ein neues und „revolutionäres" Konzept in den Laufsportabteilungen der Sportgeschäfte Einzug hält. Das ist seit langer Zeit ein lukratives Geschäft.

1

1975

EVA-SCHAUM STOFF

BROOKS

Ethylen-Vinylacetat (besser bekannt als Schaumgummi) kam 1950 auf den Markt. Das Material ist leicht, flexibel und stoßdämpfend und wurde erstmals von der amerikanischen Marke Brooks eingesetzt, die auf Laufschuhe spezialisiert ist.

1979

[2] AIR-SYSTEM

NIKE

Das berühmte Luftkissen in der Sohle des Tailwind bot in Verbindung mit EVA mehr Komfort. Es war ein unsichtbares System, das vor der Einführung des berühmten Fensters im Air Max im Jahr 1987 nur schwer zu durchschauen war.

1980

FEDERBEIN CLEAT

PUMA

Die v-förmige Federbein-Gummisohle sorgte für besseren Halt und verbesserte Stoßdämpfung.

2

3

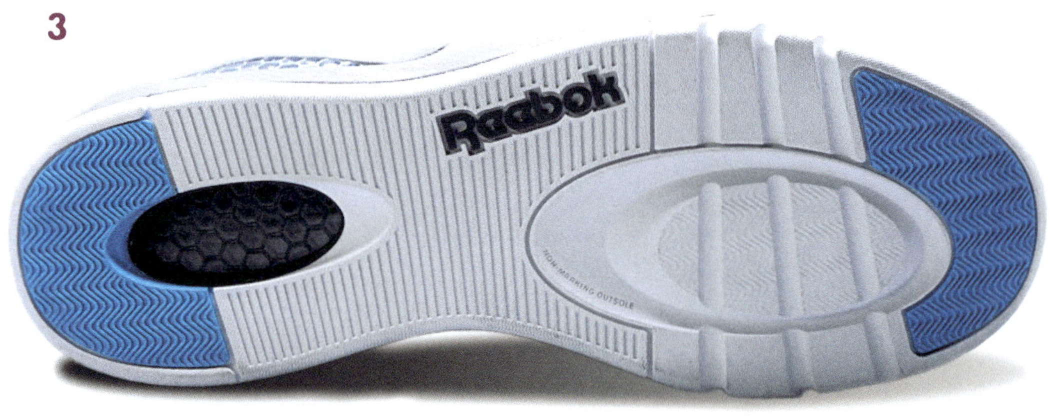

1987
GEL
ASICS

Das seit 1986 eingesetzte Gel-Asics-Konzept verwendet Silikon und wandelt die durch den Aufprall des Fußes auf den Boden erzeugte Stoßwelle in „positive Energie" um.

1987
[3] HONEYCOMB
REEBOK

Hexalite, der Handelsname für diese Wabenstruktur, ist ein Dämpfungssystem, das unter der Ferse und dem Vorfuß platziert ist und vom Träger über ein Pumpsystem reguliert werden kann. Sie erwies sich 1990 als viermal so effektiv wie EVA.

1988
TORSION BAR
ADIDAS

Der (gelbe) Torsionsstab unter der Sohle sorgt für eine verbesserte Energieübertragung zwischen Ferse und Vorfuß sowie für eine höhere Stabilität.

4

5

1988
[4] SLIPPER
NEW BALANCE

Encap® besteht aus einer Polyurethanhülle und einem EVA-Kern und sorgt für das einzigartige Gefühl, in Straßenschuhen wie in Hausschuhen zu gehen.

2000
STOSS-DÄMPFENDE TUBES
NIKE

Das Shox-System mit stoßabsorbierenden Luftkanälen entstand in 15-jähriger Forschung nach dem Vorbild des Cadillac. Es bewirkt eine Art „Rückfederung", indem es die Energie nutzt, die beim Aufsetzen des Fußes freigesetzt wird.

2012
[5] BOOST
ADIDAS

Die Boost-Sohle besteht aus einem Cluster von Mikrokapseln und wurde mit BASF in einem neuen chemischen Verfahren entwickelt. Sie bewahrt einen gleichbleibenden Grip bei Temperaturen von -20 °C bis 40 °C und absorbiert Stöße, während sie die Energie des Aufpralls zurückgibt. Der Läufer erfährt also einen selbst erzeugten Energieschub.

5

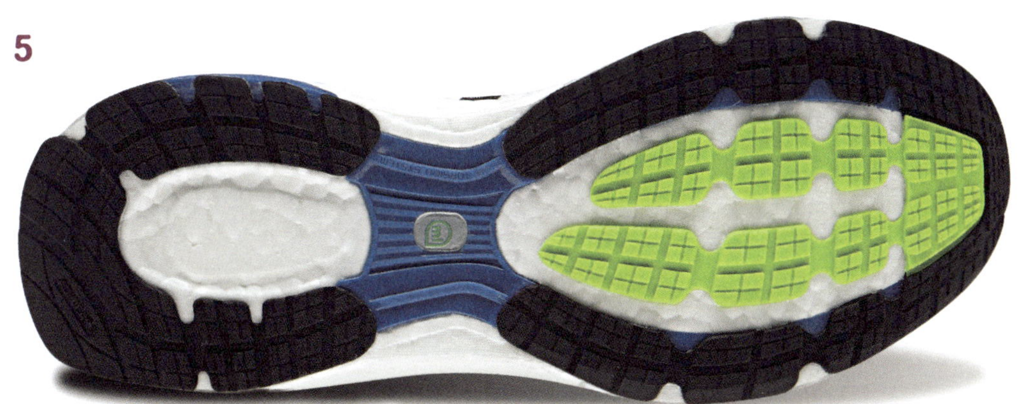

90 SCHWARZ

MOIRE

3.26

JADE STONE DARK DUNE

ULTRA

BERLIN

AIR MAX 1 SUP QS "TROPHY"

90 DQM "BACON"

TAPE (WOMEN)

THEA

TAPE (MEN)

AIR MAX 1 EM

REFLECTIVE PACK

AIR 180

90 GS HYPER GRAPE PURPLE PINK

4TH OF JULY - BLAU

4TH OF JULY - ROT

4TH OF JULY - WEISS

AIR MAX 90 TAPE INFRARED

HIGH

H_2O PROOF

AIR MAX 90 YEEZY

ULTRA

HYPERFUSE

REFLECTIVE PACK

HOMETURF

AIR MAX X LIBERTY

SUNSET

FLAVIO

AIR MAX 1

DAS REVOLUZZER-LABEL

LOW
Der Stadtschuh

SUEDE
Version in Wildleder

BLACK
Für Reggae-Fans

Der vornehme alte Herr des Basketballschuhs hat sich zur In-Marke entwickelt, die auf Rockkonzerten und Dancefloors getragen wird.

Das Modell wurde 1971 für die American Basketball Association entwickelt, die 1976 in der Profiliga NBA aufging. Der passend zur ABA rot-blau gestreifte *Americana Hi 88* begeisterte die Fans mit seinem Textilschaft (der ab 1975 auch in Leder produziert wurde) und dem auf der Zunge prangenden Firmenlogo. Während sein Schwestermodell *Superstar* in den 1980er-Jahren die Hip-Hop-Szene eroberte, wurde der *Americana* von anderen Musikgenres adoptiert: Heavy-Metal-Fans kombinierten ihn mit Stretchjeans und Netzhemden, die Discojugend machte darin die Dancefloors unsicher. Besonders in Rollerdiscos wurden die Rollschuhe gerne unter den Sneaker geschnallt. Der *Americana* gehört zu den Modellen, die in Schönheit altern. Abnutzungserscheinungen geben der makellosen Oberfläche nach ein paar Monaten den nicht weniger schicken „Destroyed Look". Der seit 2000 immer wieder neu aufgelegte Kultschuh ist heute vor allem in der französischen Elektroszene (Pedro Winter, Justice) und bei Graffitikünstlern von Berlin bis Paris angesagt.

15 MINUTEN

So lange dauerte es 2009, bis die 100 Paare des vom französischen Kreativteam BKRW designten Americana *ausverkauft waren.*

BLAU UND GOLD
Die elegante Ausführung

METALLIC
Die Neuauflage 2014

AMERICANA VULC
Der Skater-Liebling

SCHLICHTER SCHICK

1983
kam der Noah Comp *heraus, dessen Ähnlichkeit mit dem* Arthur Ashe *unverkennbar ist.*

MADE IN FRANCE
Pure Eleganz

NOAH COMP
Die kleine Schwester

PREMIUM
Betont schick

Die Luxusversion mit weiß-blauem Lederflechtwerk existiert nur in 55 Exemplaren.

Der Schuh des amerikanischen Tennisspielers verkörperte dessen Eigenschaften: elegant, harmonisch, nüchtern.

Am Samstag, dem 5. Juli 1975, besiegte der afroamerikanische Tenniscrack Arthur Ashe in Wimbledon seinen Landsmann Jimmy Connors und gewann damit zum dritten und letzten Mal einen Grand Slam. Er trug ein Paar unglaublich elegante Tennisschuhe aus weißem Leder, minimalistisch gestylt, mit feinen Linien und perforierten Seiten. Sie erinnerten entfernt an die Adidas-Schuhe, die ein gewisser Stan Smith berühmt gemacht hatte. Die Verkaufszahlen der Schuhkonkurrenten entwickelten sich allerdings höchst unterschiedlich. 30 Jahre später war das *Stan-Smith*-Modell dem des Entdeckers von Yannick Noah um Längen voraus. Aber finanzieller Erfolg ist nicht alles: Der Sneaker *Arthur Ashe* hatte Seele, verkörperte das ästhetische Spiel seines Namensgebers wie auch dessen beispielloses Engagement gegen Rassendiskriminierung, Armut und Aids (woran Ashe 1993 starb). Der *Arthur Ashe* ist kein Massenartikel, sondern ein Liebhaberstück. Das beweist auch seine auf 136 Exemplare limitierte Neuauflage *Full White* von 2015, die zu 100 % in Frankreich hergestellt wird. Das Leder liefert die Gerberei Roux, zu deren Kunden die renommiertesten Haute-Couture-Häuser zählen, genäht wird er in den Ateliers von Romans-sur-Isère, einer bekannten Produktionsstätte für Schuhwerk der Luxusklasse.

220

Das ist der Preis in Euro für ein Arthur-Ashe-*Modell von 2015.*

COLETTE
Kleinstauflage für Liebhaber

CRAFTED ROME
Der Stadtschuh

PYTHON
Auffälliges Design

DIE VERKÖRPERUNG EINES STILS

Fair und elegant, ein Mann, der sich für wichtige Anliegen einsetzt: Arthur Ashe trug einen Sportschuh, der ein Abbild seiner selbst war, schlicht und stilvoll.

Arthur Ashe war in jedem Wortsinn ein smarter Kerl. Während seiner gesamten Karriere, die von 1968 bis 1980 dauerte, war der Amerikaner ein geschmeidiger und kultivierter Tennisspieler, der auf jedem Platz, auf dem er spielte, einen Eindruck von Ruhe und perfekter Selbstbeherrschung vermittelte. Und diese Klasse zeigte sich auch abseits des Platzes, vor allem in der Art, wie er sich kleidete. „Arthur hatte einen unglaublichen Stil, der sich von allen anderen abhob“, erinnert sich Yannick Noah, die französische Tennislegende, die der amerikanische Champion im Februar 1972 unter seine Fittiche nahm, nachdem er während einer Tournee in Yaoundé (Kamerun) einige Ballwechsel mit ihm gespielt hatte. „Ich weiß nicht, wie er das hinbekam, aber er hatte jedes Mal einen anderen Look. Alles stand ihm, vom langen Pelzmantel bis zum unmöglichsten Karohemd. Aber was mir am meisten in Erinnerung geblieben ist, war seine unglaubliche Freundlichkeit.“ Der talentierte und elegante Arthur Ashe war auch einer jener Menschen, die sich durch eine besondere Großmut auszeichnen. Der vierfache Davis-Cup-Sieger und dreifache Grand-Slam-Champion setzte sich während der Apartheid für die Schwarzen in Südafrika ein und bekämpfte repressive Maßnahmen der Vereinigten Staaten gegen haitianische Flüchtlinge. Arthur Ashe war auch einer der ersten Prominenten, der die AIDS-Forschung unterstützte. Er selbst hatte sich durch eine Bluttransfusion mit HIV infiziert und starb am 6. Februar 1993 im Alter von 49 Jahren an einer Lungenentzündung.

***Arthur Ashe**, 1969. Die wunderbare Klasse und erstaunliche Eleganz spiegelt das Modell von Le Coq sportif, das seinen Namen trägt, wider.*

DER ANGEPASSTE

HEXALITE

So hieß das neue, wabenförmige Dämpfungssystem in der Sohle des Pump.

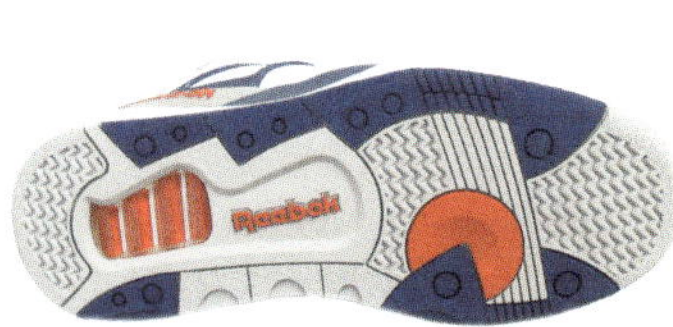

BRINGBACK
Das historische Modell

OMNI LITE DEE BROWN
Das Trampolin

OMNI ZONE
Der Bestseller

9. FEBRUAR 1991

An diesem Tag gewann Dee Brown von den Boston Celtics den NBA All-Star Weekend Slam Dunk Contest und verhalf dem Pump *damit zu erstem Ruhm.*

Lange konnte die Technologie der englischen Marke nicht so recht überzeugen – ein paar spektakuläre Dunks der NBA waren die Rettung.

Am Anfang hagelte es Spott. Eine Pumpe auf der Zunge eines Sportschuhs, die ein integriertes Luftkissen so aufbläht, dass es sich an die Fußform anpasst? Was für eine absurde Idee! Aber in den technologieverrückten 1980er-Jahren, in der die Konkurrenz mit Nike *Air*, Adidas *Torsion* und Puma *Disc* auftrumpfte, wollte sich auch Reebok nicht lumpen lassen. Leider kam der 1989 lancierte *Pump* mit stolzen Preisen um die 300 DM (150 Euro) nicht besonders gut an. Erst der NBA-Star und Dunking-Magier Dominique Wilkins konnte schließlich eine ganze Generation von den Vorteilen der kleinen orangen Pumpe in Basketballform überzeugen. 1991 wurde das Konzept auch im Tennissport ein Erfolg, mit dem *Court Victory* von Michael Chang, der zwei Jahre zuvor die French Open gewonnen hatte. Chang war der Einzige, der es mit Andre Agassi aufnehmen konnte, dessen Nike *Air Tech Challenge* auf sämtlichen Tennisvereinsplätzen zu Hause war. Reebok wusste aus seinem Kultschuh Kapital zu schlagen, indem die Firma zum 20. Geburtstag 2009 eine Neuauflage herausbrachte. Nostalgie ist sicher mit ein Grund dafür, dass das Modell bei den Kindern der 1980er-Jahre besonders gut ankommt.

26

Versionen des Pump *wurden seit 1989 herausgebracht.*

INSTAPUMP FURY OG
Die ausgefallenste Variante

OG COURT VICTORY
Die Michael-Chang-Generation

TWILIGHT ZONE
Der Koloss

REEBOK PUMP X ATMOS

PUMP 25TH ANNIVERSARY
PUMP X BODEGA

PUMP DOMINIQUE WILKINS

PUMP FURY X GARBSTORE

PUMP FURY X CONCEPTS GALLERY

PUMP FURY X ATMOS

MAJOR DC PUMP

PUMP 25TH ANNIVERSARY
MITA SNEAKERS X PUMP

REEBOK PUMP X ARC SPORTS

PUMP COURT VICTORY TENNIS BALL

PUMP OMNI LITE MELODY EHSANI

PUMP TWILIGHT ZONE

PUMP 25TH ANNIVERSARY
SNEAKERS'N STUFF X PUMP

OMNI ZONE 2

OMNI ZONE PUMP MY LIFE
DEADPOOL

PUMP REVENGE

TWILIGHT ZONE
PUNSCHRULLE

PUMP AXT

SHAQ ATTAQ

ERS

ERS

AEROBIC

OMNI LITE KEITH HARING

BLACKTOP BATTLE GROUND

REEBOK PUMP FURY X GUNDAM

PUMP FURY BLUE

SANDRO

REEBOK PUMP X LAMJC X COLETTE

PAYDIRT

REEBOK PUMP X SOLEBOX

DER ITALIENISCHE PIRAT

FITNESS LOW
Die niedrige Ausführung

PEACH STATE
Verneigung vor Atlanta

FITNESS ROT
Das unverzichtbare Accessoire

Als muskulöses Pendant zum Reebok *Freestyle* stellte der Italiener die englische Ikone Ende der 1980er-Jahre zeitweise in den Schatten.

Bei dem triumphalen Einzug von Fila in die Sneaker-Branche half vor allem die schwedische Tennisikone Björn Borg mit. 15 Jahre später nutzte die 1911 in Biella gegründete Nobelfirma den damals wütenden Trimm-dich-Wahn, um 1988 ihr Modell *Fitness* herauszubringen. Mit den Nähten, Belüftungslöchern und sichelförmigen Streifen um die Ferse erschien das Modell wie eine Mischung aus Reebok *Freestyle*, dem Erfolgsmodell in Fitnessstudios und Aerobicsälen, und Reebok *Ex-O-Fit*, dem männlichen Gegenstück, das bereits ein Jahr früher auf den Markt gekommen war. Trotz des offensichtlichen Abkupferns setzte sich das Modell durch, auch wenn es nie die Beliebtheit der Originale erreichte. Dabei war der Song *My Fila* des coolen Rappers Fresh Gordon sicher sehr hilfreich. Das weiße Modell mit der blauen Sohle wurde zum Bestseller, die komplett orange Version ein Must-have der Hipster in ganz Europa. 1990 diente der *Fitness* als Vorlage für den *Hiker*, der Wanderer wie auf Wolken gehen lässt.

„Rock my Adidas, never rock Fila“

Als Fan der Marke mit den drei Streifen erwähnen die Beastie Boys in ihrem Song The Sounds of Science *von 1989 auch den Konkurrenten.*

F13
Die neue Generation

PEACH STATE

Mit dem Namen ihrer Version des Fitness *erinnert die Boutique Fly Kix in Atlanta (Georgia) an die Frucht, die den Bundesstaat prägt.*

F13

So heißt die Wiederauflage des Fitness *von 2003.*

EIN FLIRT MIT DER POPWELT

1946

Der G1 bekommt seine vier Belüftungslöcher.

G2 SUEDE
Variante in Wildleder

B2
Die kleine Schwester

VINTAGE JEANS
Die coole Version

Der G2 (mit tiefergelegter Sohle) und der B1 (knöchelhoch) sind die Kinder des Originals G1.

In den 1960er-Jahren verschwand dieser Schuh von den Tennisplätzen, dann entwickelte sich John Lennons Lieblingsmodell zum Symbol des Retroschicks.

1936 entwarf der Franzose Georges Grimmeisen, Sohn eines Küfers und Tennisamateur, einen Schuh mit Kautschuksohle. Er sollte die Spieler auf dem Platz wendiger machen. Mit Leinenschaft, Baumwollzunge und vier Belüftungslöchern in der vulkanisierten Sohle blieb der *G1* bis in die 1960er-Jahre ein Standard im Tennissport. Im heißen Pariser Mai 1968 trugen ihn rebellische Studenten, Serge Gainsbourg drehte für ihn einen Werbespot und Jane Birkin watete darin durch den Matsch. Ein Jahr später wurde der Schuh weltberühmt: John Lennon trug den *G1* sowohl auf dem Cover des Albums *Abbey Road* als auch bei seiner Hochzeit mit Yoko Ono. Das katapultierte die Verkäufe in Millionenhöhe. In den 1970er-Jahren wurde der *G1* von Ledermodellen langsam verdrängt, erlebte aber Anfang der 1990er-Jahre ein Comeback, als die Firma von der Nobelmarke Rautureau aufgekauft wurde. Sie legte den *G1* in verschiedenen Materialien, Farben und Versionen neu auf. Anfang des neuen Millenniums wurde das Nachfolgemodell *G2* mit einer Jahresproduktion von nur 200 000 Paaren ein begehrtes Basis-Accessoire des Casual Chic, das auch bei Johnny Depp, Vanessa Paradis und Jude Law im Schuhschrank steht. Als perfekte Alternative zur Espadrille wird der Schönwetterschuh immer ohne Socken getragen – von Puristen natürlich in Weiß in niedriger Ausführung.

200 000

Paare werden jährlich vom G2 produziert.

COLLEGE VICHY
Die modische Version

LEDER
Die robuste Version

SPRING COURT X COMME DES GARÇONS
Die peppigste Version

John Lennon, 1969.
Für das berühmte Abbey-Road-Cover-Fotoshooting am Freitag, dem 8. August 1969, trug John Lennon ein Paar Spring Court G1, wie fast an jedem Tag. Der britische Musiker liebte die Schuhe so sehr, dass er sie auf seiner Hochzeit mit Yoko Ono einige Wochen zuvor getragen hatte. Es war eine wunderbare Werbung für die kleine französische Marke aus dem Pariser Stadtteil Belleville, der solche Aufmerksamkeit sonst nie zuteilgeworden wäre.

POLICE

UNANGEFOCHTEN AN DER SPITZE

1966
kam mit dem Oxford *die niedrige Version des* All Star *heraus.*

ALL STAR 1917
Der allererste Converse

ALL STAR 1928
Modell aus der Ära vor Chuck Taylor

CHUCK TAYLOR ALL STAR 1971
Die „Chucks“ auf dem Vormarsch

Die Grundstruktur des All Star hat sich seit 1949 nicht verändert.

Der erste Sneaker der Geschichte hat sich seit 1917 über 800 Millionen Mal verkauft. Das bestätigt ihm eine Beliebtheit, die über alle Geschmacksfragen erhaben ist.

Der Converse *All Star* wurde von einer Firma erfunden, die Gummistiefel herstellte. Dass er in die Basketballgeschichte einging, verdankt er vor allem seinem prominenten Botschafter Chuck Taylor, dessen Signatur seit 1932 das Sternenemblem ziert. Der runde Patch war einige Jahre zuvor entwickelt worden, um die empfindlichen Knöchel der sportlichen Hünen zu schützen. Bis in die 1970er-Jahre galt der Schuh unter NBA-Stars wie Magic Johnson und Larry Bird als unschlagbar in Sachen Stabilität und Flexibilität. Schon seit den 1950er-Jahren hatten sich die „Chucks" auch auf der Straße durchgesetzt: Coole Studenten der kalifornischen Universitäten trugen ihn ebenso wie die Arbeiter von General Motors. Im Zeitalter des Rock 'n' Roll verloren sie allmählich ihr sportliches Image und entwickelten sich zusammen mit Lederjacke und Jeans zum Markenzeichen einer neuen Jugendkultur. Wer in einen nagelneuen *All Star* schlüpft, findet ihn steif und unbequem. Aber mit der Zeit passt sich der Schuh dem Fuß optimal an. Das fanden auch die Skater und BMX-Akrobaten der 1980er-Jahre heraus, gefolgt von Popstars wie Kurt Cobain, Snoop Dogg und Iggy Pop. Unzählige Male war das Kultmodell schon im Kino zu sehen und hat 2006 sogar eine erstaunliche Zeitreise mitgemacht, als Regisseurin Sofia Coppola ihrer Hauptdarstellerin Kirsten Dunst diesen Schuh anzog – in der Rolle der Marie Antoinette!

60 %

der US-Amerikaner besitzen oder besaßen schon einmal einen All Star.

CHUCK TAYLOR ALL STAR RUBBER

100 % Kautschuk

CHUCK TAYLOR DISTRESSED FLAG

Ein Symbol der USA

CHUCK TAYLOR ALL STAR ANDY WARHOL

Kunstvoll

DER BERÜHMTESTE HANDELSREISENDE DER WELT

Die weltweite Erfolgsgeschichte des Converse *All Star* ist vor allem der Leidenschaft und dem Einsatz seines besten Botschafters zu verdanken, der alles daransetzte, diesen Sneaker und den Sport, den er so sehr liebte, berühmt zu machen.

Die Geschichte von Charles Hollis Taylor ist die eines frechen 20-jährigen Studenten, der 1921 an die Türen der Firma Converse in Chicago klopfte – mit keinem geringeren Anliegen, als den *All Star* zu perfektionieren, einem Modell aus dem Jahr 1917, das der Basketballspieler seit seiner Highschool-Zeit in Columbus (Indiana) auf dem Platz getragen hatte. „Chuck" wurde sofort eingestellt und modifizierte den Schuh in wenigen Monaten, insbesondere durch Hinzufügen des Lederpatches, der den Innenknöchel des Spielers schützt. Überzeugt von der Anziehungskraft des Basketballs auf amerikanische Jugendliche, erfand Chuck Taylor eine neue Karriere für sich: die des Superverkäufers und Botschafters für seinen Sport – und natürlich für seinen Sneaker. Am Steuer seines weißen Cadillacs, dessen Kofferraum mit Schuhen gefüllt war, fuhr er kreuz und quer durch die USA und hielt in den Highschools und Universitäten das ganze Jahr über Trainingseinheiten oder „Sprechstunden" ab – ein völlig neues Konzept. Er zog von einem Motel zum nächsten und wurde sehr bald zu einer wichtigen Persönlichkeit im US-Basketball. „Es war unmöglich, Chuck nicht zu lieben", erinnerte sich Joe Dean, der 30 Jahre lang Vertriebschef bei Converse war, im Gespräch mit dem *Philadelphia Inquirer*. „Wenn du als Trainer einen Job suchtest, musstest du Chuck anrufen. Und die Teamleiter sprachen mit ihm, wenn sie einen Trainer brauchten. Als Berater des US-Militärs während des Zweiten Weltkriegs – der *All Star* wurde zum offiziellen Sportschuh der US-Streitkräfte – setzte Chuck Taylor seine Mission fort, bis er 1968 in Rente ging. Doch viel Zeit für den Ruhestand blieb ihm nicht, denn einen Tag vor seinem 68. Geburtstag starb er an einem Herzinfarkt. Fast ein Jahrhundert später gehört Chuck Taylor wie Michael Jordan und Stan Smith zum Club der berühmten Namen, die einen Sneaker zieren und nie in Vergessenheit geraten werden.

__Chuck Taylor__ trug die Farben des Profi-Basketballteams Akron Firestone Non-Skids (Ohio), bevor er bis an sein Lebensende für die Marke Converse warb, deren bester Botschafter und größter Fan er war.

CONVERSE

CONVERSE ALL STAR CHUCK TAYLOR GALERIE

CHUCK TAYLOR ALL STAR 1950'S

CHUCK TAYLOR ALL STAR
1971 - ROT

2000

ANDY WARHOL

CAMOUFLAGE GREEN

CITY HIKER

COMBAT BOOT

DC COMICS - SUPERMAN

DENIM

DOWN JACKET

FLORAL

FRESH COLOURS

ANDY WARHOL

KNEE

CHUCK TAYLOR X LOVIKKA

LOW

BUFFALO PLAID

ACDC

MULTI PANEL

MULTICOLOR WEAVE

THE SIMPSONS

PLATFORM

PLATFORM PLUS

PREMIUM

WINTERIZED COLLECTION

SARGENT

XX HIGH

SUEDE

UNION JACK

STARSKYS TREUER BEGLEITER

SL 72 MUNICH
Der Mythos

SL 76
Aus der Übergangsphase

HAN SOLO 77
Für *Star-Wars*-Fans

Der für die Olympischen Spiele von 1972 entworfene Joggingschuh verdankt seinen Kultstatus der amerikanischen TV-Serie *Starsky & Hutch*.

Auch wenn er in München auf dem Treppchen stand, war der *Super Light* mit seinem Schaft aus Nylon, Leder oder Wildleder zu Anfang vor allem unter Freizeitjoggern begehrt. 1975 kam er von der Laufpiste ab, weil er einen kleinen Lockenkopf in engen Jeans durch die Straßen von Los Angeles begleitete: David Starsky, der in *Starsky & Hutch* so gern lässig auf der Motorhaube hockte. Ohne den *Super Light* hätten die beiden modernen Großstadtritter mit den albernen Sprüchen sicher nicht so viele Banditen dingfest machen können! Der Schauspieler Paul Michael Glaser trug verschiedene Versionen des Kultschuhs, vor allem aber den relativ kompakten *SL 76*. Der Schuh der Olympischen Spiele von Montreal ist heute eines der weltweit gesuchtesten Sneaker-Modelle. Die seltenen Exemplare mit dem Aufdruck „Made in West Germany" sind unter Sammlern besonders begehrt. Aber Starsky-Fans sind auch verrückt nach den Modellen *Dragon* und *Achill*, die der berühmte Cop ebenfalls getragen hat. Der 2004 und 2011 neu aufgelegte *SL 72* diente als Vorlage für den *Energy Boost*, der 2013 herauskam.

HAN SOLO

2010 brachte Adidas diese Version des SL 72 heraus, die dem berühmten Star-Wars-Helden gewidmet ist.

SL 72 LEOPARD

Sehr stylish

SL 72 WEISS

Das Comeback 2010

SL LOOP RUNNER

Einer der Nachfolger

EIN JAGDBOMBER

AF 1 HIGH
Hohe Ausführung

AF 180
Ein Abkömmling

AF 1 „NAI KE"
Hommage an China

SICHER-HEITSGURT

Die Schlaufe mit Klettverschluss bei der knöchelhohen Ausführung heißt „proprioceptus belt".

Die Mischung aus Kraftpaket und Raffinesse hat 2000 Gesichter – eines eleganter als das andere.

In den 1990er-Jahren erhoben die Youngsters des Stadtviertels Harlem im New Yorker Norden den Sneaker von 1982 zu ihrem Symbol und nannten ihn *„Uptown"*. Mittlerweile gibt es den *Air Force One* in fünf Modellen und knapp 2000 Versionen (niedrig, mittelhoch und knöchelhoch), was ihn zu einem der meistverkauften Freizeitschuhe weltweit macht. Kein Wunder, denn er hat eine treue, prominente Fangemeinde. Dazu gehört beispielsweise der Rapper Jay-Z, der angeblich immer ein nagelneues Paar trägt, weil ihm das makellose Weiß wichtig ist. Oder der Rapper Nelly, der dem Schuh 2002 seinen Song *Air Force Ones* widmete. Der Basketballschuh ist heute ein Element der Popszene, ein Bindeglied der Sneaker-Community und ein Zeichen des guten Geschmacks: robust, aber nicht klobig, kompakt und trotzdem ein Leichtgewicht, als Pionier der Nike-*Air*-Serie ein Paradebeispiel für elegante, fließende Linien. Er ist einer der raren Sneaker, die man auch zu Anzug und Abendkleid tragen kann – allerdings nur, wenn diese schwarz sind, als Kontrast zum jungfräulichen Weiß des (neuen!) Sneaker-Paars. Kleines, aber wichtiges Detail: das Deubré, ein Schmuckelement am unteren Ende der Schnürung.

800
MILLIONEN US-DOLLAR
Umsatz macht Nike jährlich mit dem Air Force One.

AF 1 X MARK SMITH
Eine Rarität

AF 1 X MR CARTOON
Schwer zu finden

AF 1 - MIT DEUBRÉ
Das Schmuckstück

NIKE AIR FORCE 1 GALERIE

CRESCENT CITY

DOWNTOWN BRASIL

SUPREME TZ

DIRK NOWITZKI

XXX SFB

CONSTELLATION

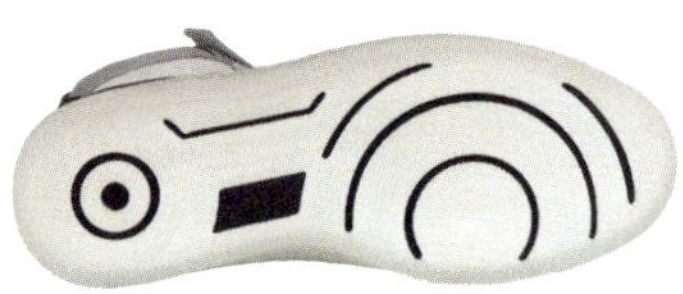

DOWNTOWN HI - SOHLE

AIRNESS

WEATHERMAN

DOWNTOWN

AJF 6 (AF 1 + AJ 6)

OLYMPIC LONDON 2012

FOAMPOSITE

SUPREME

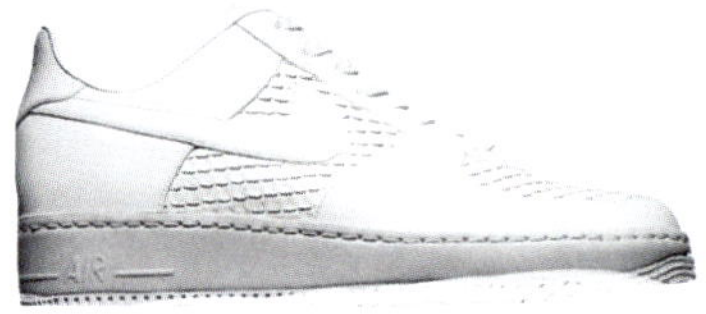

ANACONDA

FOAMPOSITE MAX "BLACK FRIDAY"

SUPREME HI QS

XXX CAMO DIGITAL

LOW COMFORT

IRIDESCENT

XXX THE PRES ONE HERO

EASTER GREY

KYRIE

YEAR OF THE DRAGON

AF 1 SPIKE

DUCKBOOT

PATINA - PAULUS BOLTEN

PLAYSTATION

AF 1 X RICCARDO TISCI - BOOTS

SCHMUCKSTÜCK FÜR ALLE

1987

kam der Classic Nylon *heraus, mit einem Schaft aus Nylon mit Wildledereinsätzen.*

CLASSIC LEATHER BLACK
Der Klassiker

CLASSIC LEATHER NYLON
Das Muster an Bequemlichkeit

CLASSIC NEWPORT
Der Elegante

NEWPORT

Die 1989 gelaunchte Version des Classic *wurde durch Mike Skinner populär, der mit dem Rap-Projekt* The Streets *in den ersten Jahren des neuen Millenniums große Erfolge feierte.*

In Großbritannien ist er ein Modeartikel und der beliebteste Sneaker aller Zeiten.

Der *Classic Leather* kam 1983 (teilweise) als Antwort auf den erfolgreichen *Cortez* von Nike heraus und brachte der britischen Firma zusammen mit dem *Freestyle* den ersten großen Erfolg. Er war technisch nicht so ausgefeilt wie seine Konkurrenten im Laufsektor, eher ein bequemer Alltagsschuh, der zu allem passte. Auf dem Oberschaft prangte die Fahne des Heimatlandes neben dem Firmenlogo. Alle trugen ihn, ob Gentlemen beim Sonntagsausflug, Mitglieder der High Society, Popsänger, Hip-Hop-Stars, Fußballfans oder Pubgänger (wobei die beiden letzten Kategorien oft deckungsgleich sind). Und er war – ähnlich wie der *Cortez* in den USA – auch in der Unterwelt das Modell der Wahl. Renommierte Wissenschaftler der Universität Leicester analysierten die gefundenen Schuhabdrücke von 100 verschiedenen Tatorten in der Grafschaft Northamptonshire und veröffentlichten das Ergebnis 2010 im *Police Review*: 52 % der Spuren stammten von einem *Classic Leather*! Was war an diesem Schuh so besonders? „Er ist leicht und anschmiegsam", so ein Polizist. „Einbrecher sind nicht dumm. Sie tragen Schuhe, die möglichst kein Geräusch verursachen, um nicht entdeckt zu werden."

TRAVI$ SCOTT

2013 wurde der 22-jährige amerikanische Rapper als Werbeträger für den Classic *verpflichtet.*

BURN RUBBER
Hommage an Detroit

30TH ANNIVERSARY
In limitierter Auflage

EXOTICS
Schick gestylt

EINE VERSCHWUNDENE IKONE

69ERS

Spitzname des PRO-Keds Super, der durch den Hip-Hop-Pionier Afrika Bambaataa bekannt wurde

ROYAL CANVAS HI
Die knöchelhohe Version

ROYAL EDGE
Neu interpretiert von Play Cloths

ROYAL PLUS
Die solidere Ausführung

SURESHOT

Das war der ursprüngliche Name des PRO-Keds Royal.

Der Liebling der NBA in den 1950er- und 1960er-Jahren wie auch der New Yorker Subkultur wurde zu einem der beliebtesten Sneaker in Japan.

Ein Sneaker-Mythos wurde am 3. Februar 2014 zu Grabe getragen. An diesem Tag stellte die amerikanische Firma Keds die Produktion ihrer Sportlinie PRO ein. Das war das Aus für den *Royal*, der seit 1949 im Basketball wie auch auf der Straße Geschichte geschrieben hatte. Der kultige Stoffschuh mit dem blauen und roten Streifen am vorderen Sohlenrand hatte in den 1950er-Jahren mit George Mikan Karriere gemacht, mit 2,08 m der erste Basketballriese der damals noch jungen NBA und Spielemacher der Minneapolis Lakers (fünffacher Ligameister von 1949 bis 1954). 1971 wurde der Konkurrent des Converse *All Star* als *Royal Master* und *Royal Plus* neu aufgelegt. Die robustere, bequemere Version aus Wildleder mit gepolstertem Knöchelabschluss und den beiden breiten Streifen an der Seite wurde zusammen mit dem Konkurrenten Pony *Top Star* zum Fetisch der New Yorker Breakdance-Szene. Der 1986 aus dem Programm genommene *Royal Edge* (auch *Royal CVO* genannt) sah dem Vans *Authentic* zum Verwechseln ähnlich und war in der Skater-Community heiß begehrt. Besonders aber in Japan hatten die Modelle von PRO-Keds eine riesige Fangemeinde, was die Firma 2002 zu einer Neuauflage des Klassikers veranlasste. Nach dem endgültigen Aus 2014 ist der *Royal* nur noch in Spezialgeschäften zu finden – und in dem Buch *Where'd You Get Those? New York City's Sneaker Culture 1960–1987* von DJ Bobbito Garcia (2009).

200

Paare des Royal CVO *wurden in Zusammenarbeit mit der Biermarke Pabst Blue Ribbon produziert, die sie an diverse hippe Promis verschenkte.*

ROYAL MASTER
Aus Wildleder

ROYAL
Neu interpretiert von Patta

PRO-KEDS X BOBBITO GARCIA
Das Modell des Sneaker-Experten

WIE AUF ROLLSCHUHEN

4,50 EURO

So viel kostete umgerechnet ein Authentic *im Jahr 1966. Heute ist das Modell 15-mal so teuer.*

ERA
Die jüngere Schwester

SLIP-ON
Der Bestseller ohne Schnürsenkel

SLIM VAN DOREN
Fröhlich gemustert

Von Hollywood bis New York verhilft der Vans Authentic Stars wie Zac Efron, Chris Brown, Rihanna und Lil Wayne zum großen Auftritt.

Die DNA des ersten speziell für Skater entwickelten Schuhs ist seit 50 Jahren für alle Vans-Modelle dieselbe geblieben.

Schon ein paar Monate nachdem sie sich in Anaheim (Kalifornien) niedergelassen hatten, eröffneten die Brüder Van Doren am 16. März 1966 ihren ersten Laden. Dass sofort ein gutes Dutzend Kunden zu der Adresse am East Broadway Nr. 704 stürmen würde, um sich ein Paar ihrer *Authentics* zu kaufen, hatten sie nicht erwartet. Die Erfinder der Skater-Schuhe hatten nur ein paar Ausstellungsmodelle vorrätig (die dekorativ aufgestapelten Schuhkartons waren alle leer!) und mussten die enttäuschten Interessenten vertrösten. So begann die Erfolgsgeschichte des Leinenschuhs mit feinen Nähten und dicker, weißer, geriffelter Kautschuksohle, die einen besseren Halt auf dem Skateboard versprach. Zehn Jahre später brachten die Brüder den *Era* heraus, der sich nur durch gepolsterte Fersen- und Knöchelpartien unterschied, gefolgt vom *Slip-On* (ohne Schnürung) für die BMX-Gemeinde. Die Ikonen der Subkultur wurden bald zum Schönwetterschuh der breiten Masse und stehen heute bei jedem Sneaker-Fan, der diesen Namen verdient, im Schuhregal.

300

MILLIONEN US-DOLLAR

Für diese Summe verpflichtete Vans den in den 1970er- und 1980er-Jahren berühmten Skateboarder Stacy Peralta als Werbeträger für den Era.

ROBERT CRUMB X VANS VAULT

Die Underground-Version

MIKE HILL X VANS SYNDICATE

Pure Eleganz

EDITION 2015

Für Anspruchsvolle

NEON

LEOPARD RAINBOW

DECON CA LEATHER

ROYALTY PAISLEY

VANS X CURTIS KULIG

JUNGLE LX

NATIVE EMBROIDERY

WATERMELON

BIRDS EDITION

SURPLUS

STAR WARS

RIVET

OVERWASHED

BLACKSOLE

FLAMINGO

WHITE

DQM X VANS I LOVE NY

VANS X RAD

TIGER

HULA CAMO

HELLO KITTY

STAINED

SUPREME X PLAYBOY X VANS

HIKER PACK

VANS X KENZO - FLORAL PATTERNS

BEAUTY & YOUTH X VANS

SUPREME X VANS

VANS X OPENING CEREMONY
MAGRITTE COLLECTION

LX CAMP SNOOPY

RETRO FLAG

DER GOLDBARREN

TORSION
Revolutionär: die Gelenksohle

BANKSHOT
Die knöchelhohe Ausführung

ZX 850 NAVY RED
Spezialmodell USA

Mit dem neu entwickelten Torsion-System schlug der Laufschuh von Adidas wie eine Bombe ein.

ZX 9000

Das Schwestermodell des ZX 8000 aus Leder mit etwas kompakterem Design kam 2003 heraus.

Der ab 1988 produzierte *ZX 8000* verfügte über eine neue Technologie, die durch einen gelben Balken gekennzeichnet wurde. Er fungierte als Bindeglied zwischen Vorderteil und Hinterteil der von nun an zweigeteilten Sohle. Das sollte dem Schuh eine höhere Stabilität wie auch Flexibilität verleihen und beim Laufen von längeren Strecken für eine bessere Energieübertragung sorgen. Durch das Torsion-System wurde außerdem die Sohlenfläche reduziert, was wiederum das Gewicht des Schuhs (den Feind jedes Läufers) verringerte. Resultat: ein himmelblauer Schuh mit drei leuchtend gelben Streifen, der sich auch farblich vom sonst eher langweiligen silbergrauen Laufschuhangebot absetzte. Das Modell setzte sich sofort durch, sowohl bei Profi- als auch bei Freizeitläufern und – keiner weiß warum – auch in der Londoner Ragga-Szene. Mit seinen Neuauflagen zum 15. und 25. Geburtstag diente der *ZX 8000* als Vorlage für den *ZX Flux* (gleiche Sohle, gleiches Fersendesign), um den sich Schüler und Studenten seit seiner Markteinführung 2014 reißen.

DAVID BECKHAM

Auch die britische Fußballikone steht auf den ZX 8000.

ZX 9000
Der kompaktere Zwilling

NEGATIVE ST NOMAD
Zum 25. Geburtstag

ZX FLUX
Generation 21. Jahrhundert

GANZ OHNE LOGO

1993
kam das Modell Light *heraus, welches wieder das Nike-Logo trug.*

LIGHT
Wieder mit Logo

FLIGHT
Der Schuh der Fab 5

TRAINER
Mit dem Klettstreifen des *Air Trainer 1*

FAB 5

So wurde das talentierteste Basketballteam aller Zeiten an der Universität von Michigan genannt, das die knöchelhohe Version des Huarache 1992 populär machte.

Das Modell ohne Logo, dessen Design ebenso fremdartig wirkt wie sein Name, hätte es gar nicht geben sollen.

An einem Morgen im Jahr 1990 herrschte im Nike-Hauptquartier in Beaverton bei Portland (Oregon) eine angespannte Atmosphäre. Tinker Hatfield, der Stardesigner der Firma, stellte der Marketingabteilung sein neuestes Modell vor: den *Huarache*, einen Laufschuh aus Neopren, für den er sich vom Wasserskisport hatte inspirieren lassen. Aber nicht das Aussehen und der Name sorgten für verstörte Minen – es war das fehlende „Swoosh"-Logo! Ohne den berühmten Nike-Haken, so die Marketingexperten, würde das Modell ein Flop – was die mageren 5000 Vorbestellungen zu bestätigen schienen (erst ab der 20-fachen Zahl wird die Produktion im großen Stil angekurbelt). Das Projekt wurde auf Eis gelegt, bis ein New Yorker Großhändler den Bestand abnahm und ihn auf eigenes Risiko während des New-York-Marathon 1991 loszuschlagen versuchte. Nach zwei Tagen war der Schuh ausverkauft! Das war die Rettung des *Huarache*. Bestellungen über 250 000 Paare flatterten ins Haus, das Modell wurde ein Bestseller. Zwei Gemeinschaftsprojekte mit Stüssy eroberten die Sneaker-Welt im Jahr 2000, 13 Jahre später wurde das Original in Dutzenden verschiedenen Farben und Designs neu aufgelegt und zu einem der gegenwärtig angesagtesten Schuhe überhaupt.

TARAHUMARAS

So lautet der Name des mexikanischen Volksstamms, der für seine Langstreckenläufer berühmt ist und dessen „Huarache" (Sandalen) für den Sneaker Pate standen.

STÜSSY
Für Hipster

TRIPLE BLACK
Die schwarze Ausführung

FREE
Mit der gekerbten Flexsohle

SCHÖPFER DES SNEAKER-PLANETEN

Fast ebenso berühmt wie die Kultmodelle, die er entworfen hat, ist Tinker Hatfield ganz einfach der beste Sportschuhdesigner aller Zeiten.

Paris, 12. Juni 2015. Ein Flügel des Palais de Tokyo (Ausstellungen moderner und zeitgenössischer Kunst) ist ausschließlich einer Ausstellung über die 30 Jahre von Jordan Brand gewidmet. Tinker Hatfield beantwortet die Fragen der Journalisten, während sich Michael Jordan diese Retrospektive anschaut, in der er selbst eine so große Rolle spielt. Einige Minuten zuvor hatte der Champion vor der Presse von der „Genialität" des derzeitigen Ressortleiters der Marke „Swoosh" gesprochen, der für das Design spezieller Projekte verantwortlich ist. Der führende Kopf hinter 15 *Air-Jordan*-Modellen und einem Dutzend anderer Sneaker, die mittlerweile Kultstatus haben (siehe unten), wurde im Lauf der Jahrzehnte häufig nach seinem Erfolgsgeheimnis befragt – und er gab immer die gleiche Antwort: „Wenn wir einen Schuh entwerfen, denken wir zuerst an die Leistung und daran, was ein Sportler von seinen Schuhen erwartet. Wir berücksichtigen auch Stilfragen, aber letztendlich wollen wir die Leute wissen lassen, dass sie ein kleines Stück eines Traums kaufen." Der ehemalige Sprinter, Stabhochspringer und Absolvent der Universität von Oregon wurde im Juni 1981 von Nike als Architekt eingestellt, um Büroräume für den Hauptsitz des Unternehmens in Beaverton – einem Vorort von Portland – zu entwerfen, und begann vier Jahre später mit der Arbeit an seinen ersten Schuhentwürfen. Er ließ sich sowohl von Spitzensportlern als auch von Sonntagsjoggern inspirieren, denen er stets seine volle Aufmerksamkeit widmete, ebenso wie von der Architektur, der militärischen Luftfahrt, dem Autodesign und seinen ausgedehnten Reisen. Tinker Hatfield, den die Zeitschrift *Fortune* zu den 100 einflussreichsten Designern des 20. Jahrhunderts zählt, leitet heute die Innovation Kitchen von Nike, das Designlabor, das eines Tages vielleicht den nächsten Sneaker-Star hervorbringt.

Tinker Hatfield, *Nikes Stardesigner, auf dem Dach des Palais de Tokyo in Paris, im Juni 2015. „Die Architektur von Haussmann [der typische Pariser Stil] ist eine unendliche Inspirationsquelle für mich", erklärt er oft.*

DER MARKEN-KULT

2

NIKE
ADIDAS
PUMA
NEW BALANCE
REEBOK
CONVERSE
ASICS - ONITSUKA TIGER
VANS
PONY
ALIFE
APL
BALENCIAGA
BATA
COMMON PROJECT
DIADORA
ELLESSE
EMERICA
ETNIES
ETONIC
FAGUO
FEIYUE
FRED PERRY
GOLA
GOURMET FOOTWEAR
PEAK
HUMMEL
LACOSTE
LANVIN
MONCLER
PIERRE HARDY
PRADA
RAF SIMONS
RICK OWENS
SAUCONY
SPLENDID
SPALDING
SUPERGA
SUPRA FOOTWEAR
TACCHINI
TERREM
UNDER ARMOUR
VALENTINO
VEJA
WILSON
WRUNG
YVES SAINT LAURENT
YOHJI YAMAMOTO
NIKE
ADIDAS
PUMA
NEW BALANCE
REEBOK
CONVERSE
ASICS - ONITSUKA TIGER
VANS
PONY
ALIFE

Bis Mitte der 1970er-Jahre waren die Sneaker-Marken nur Sportlern ein Begriff. Dann entwickelte sich in den Stadtvierteln im Norden New Yorks die Hip-Hop-Kultur, die bald die gesamte westliche Welt eroberte. Sie holte die Sneaker – damals schlicht „Turnschuhe" genannt – aus den Sporthallen auf die Straße. Die Subkultur hatte mit Deejaying, Graffiti, Breakdance usw. viele Ausformungen, aber eine Sache fanden alle cool: Basketball. Die Basketballschuhe wurden tägliche Begleiter, man trug sie beim Sport, beim Spazierenfahren mit dem Auto, als modisches Bekenntnis oder als Zeichen der Zugehörigkeit zu einer bestimmten Szene. Der allgemeine Sportsweartrend in den 1980er-Jahren erfasste nicht nur Jogginganzüge, sondern auch die Sneaker. Die Hersteller reagierten. Schon bald begann ein gnadenloser Markenkrieg, Spitzensportler wurden als Galionsfigur eingespannt, die Firmen überboten sich mit technischen Innovationen und ausgefallenem Design. Dabei hatte Nike die Nase vorn und wurde zum großen Gewinner der 1990er-Jahre. Fila, Diadora, Ellesse und andere hatten das Nachsehen. Mittlerweile sind die Hersteller etwas vorsichtiger geworden und setzen auf ihre Bestseller und Klassiker, die sie von einem bekannten Designer, einer anderen Marke oder einer angesagten Modefirma zeitgemäß tunen lassen. Am lukrativsten hat sich die Zusammenarbeit mit großen Namen aus der Hip-Hop-Szene erwiesen, u. a. mit Jay-Z, Kanye West und Pharrell Williams. Heute setzen Sneaker weltweit zwischen 90 und 100 Milliarden US-Dollar pro Jahr um – nur 20 % der Schuhe werden für den Sport gekauft, 80 % sind reiner Lifestyle.

NIKE, DER KREATIVE LEADER

Seit 1972 steht das Haken-Logo sowohl für Funktionalität als auch für cooles Design. Der weltweit größte Sportartikelhersteller ist auch bei Sneaker-Fans die unbestrittene Nummer eins.

500 US-Dollar für ein Königreich: Der 24-jährige Mittelstreckenläufer Phil Knight, der an der Universität Oregon sein Studium der Wirtschaftswissenschaften abgeschlossen hatte, und sein Trainer Bill Bowerman investierten 1962 jeweils diese Summe in die Gründung der Firma Blue Ribbon Sports, um japanische Sportschuhe (Onitsuka Tiger) zu importieren. Zehn Jahre später gaben sie ihrem Kleinbetrieb im Nordwesten der USA einen neuen Namen: Nike – nach der griechischen Siegesgöttin. Von Anfang an bemühte sich die Firma um lokale Spitzensportler. Heute macht sie einen Jahresumsatz von rund 20 Milliarden US-Dollar. Was ist ihr Erfolgsgeheimnis? Ein Gespür für technische Innovation, Design und Marketing – und eine Philosophie, die der Werbeslogan von 1988 perfekt auf den Punkt bringt: „Just do it." Dazu ein einprägsames Logo, den berühmten „Swoosh". Er stellt einen stilisierten Flügel der namensgebenden Göttin dar und wurde von einer Grafikstudentin entworfen – für ein Honorar von 35 US-Dollar. Mit Werbeträgern wie Steve Prefontaine, Michael Jordan, Andre Agassi und Cristiano Ronaldo wurde das Nike-Image gezielt aufgebaut. Fast alle Sneaker-Modelle der Firma wurden Bestseller, seit den 1980er-Jahren bis heute.

Der Air Rift, *halb Sneaker und halb Sandale, ist eine Anspielung auf kenianische Läufer und das Rift Valley in Kenia.*

9,8

MILLIARDEN US-DOLLAR

beträgt das geschätzte Vermögen des Mitbegründers von Nike, Phil Knight.

NIKE
AIR

LAVA DUNK

50 % *Dunk High*, 50 % *ACG Lava Dome*. Für Asphalt-Cowboys

DUNK SB HIGH

Der *Dunk* in Skater-Version und in den Farben der American-Football-Mannschaft Chicago Bears

AIR HUARACHE LIGHT

AIR EPIC

AIR RALLY

VANDAL HIGH SUPREME

VAPOR 9 TOUR

LAVA DOME

LAVA HIGH

AIR WILDWOOD

WMNS TERMINATOR

WINDRUNNER

AIR TRAINER HUARACHE

AIR FORCE X STEFANO OKAKA

AIR TECH CHALLENGE II

AIR PEGASUS

ROSHE FLYKNIT

DUNK LOW (VIOTECH)

AIR TECH CHALLENGE HUARACHE

Das Modell für Andre Agassi in den Farben des NBA-Teams Phoenix Suns

AIR MAG

2011 wurde ein Dutzend Exemplare des futuristischen Modells aus *Zurück in die Zukunft II* versteigert, jetzt gibts den *Air Mag* für jedermann.

FLYKNIT

Der 2012 für die Olympischen Spiele in London konzipierte Laufschuh ist das erste Modell, dessen Schaft aus einem einzigen, durchgehenden Stück Strickmaterial besteht.

AIR FORCE 1 MID X RICCARDO TISCI

AIR MAX 90 SNEAKERBOOT PACK

ERIC KOSTON

FLYKNIT LUNAR 2

AIR MAX 0

AIR STAB

ROSHE SNEAKERBOOT PACK

BLAZER

ADIDAS, DIE MARKE MIT DEN DREI LEBEN

Aus einem Familienzwist heraus entstand eine deutsche Marke, die lange Zeit den Sportartikelmarkt beherrschte. In den 1990er-Jahren stand sie kurz vor dem Aus. Heute macht sie Marktführer Nike Konkurrenz.

Die beiden Dassler-Brüder verstanden sich nicht gut. Schließlich stieg Rudolf aus dem seit 1924 bestehenden Familienbetrieb aus und gründete 1948 seine eigene Firma: Puma. Adolf Dassler machte weiter, aber unter neuem Namen. Aus seinem Spitznamen „Adi" und der ersten Silbe des Nachnamens wurde „Adidas". Als begeisterter Fußballfan kreierte er den ersten Kickschuh mit Schraubstollen, mit dem der deutschen Nationalmannschaft 1954 das Wunder von Bern gelang. Zeit seines Lebens tüftelte Adolf Dassler an Neuerungen, die der Leistungssteigerung von Athleten dienten. Als er 1978 starb, hatte er die Firma mit dem Dreiblatt-Logo (das sechs Jahre zuvor lanciert wurde) an die Weltspitze geführt und den großen Konkurrenten Nike auf Platz zwei verwiesen. Den Wechsel vom Sportschuh zum Lifestyle-Accessoire der Hip-Hop-Generation und später der breiten Masse erlebte er nicht mehr. Mit dem frühen Tod seines Sohnes und Nachfolgers Horst 1987 begann für Adidas eine Durststrecke. Die Firma verlor an Dynamik, wurde 1990 von dem französischen Geschäftsmann Bernard Tapie aufgekauft und 1992 von Crédit Lyonnais übernommen – unter undurchsichtigen Bedingungen, welche die Justiz bis heute beschäftigen. Fast hätte das für Adidas den Bankrott bedeutet, dann half der französische Unternehmer Robert Louis-Dreyfus der Firma 1994 wieder auf die Beine. Heute macht Adidas knapp 21 Milliarden Euro Jahresumsatz, davon rund 30 % auf dem Lifestyle-Sektor. 2003 entstand aus der Zusammenarbeit mit Modeschöpfer Yohji Yamamoto das Erfolgsmodell *Y-3*, 2010 startete die *Originals*-Serie, die ein Bestseller wurde.

Run-DMC waren 1985 die ersten Musiker, die von einer Schuhmarke unter Vertrag genommen wurden.

TOP 10

Adidas ist auf allen fünf Kontinenten präsent und gehört zu den zehn weltweit bekanntesten Marken.

adidas

ADIDAS

GAZELLE

Anfang der 1980er-Jahre war die rote Version das Erkennungszeichen der Liverpool-Fans. Bis heute ist das Modell im britischen Fußball äußerst beliebt.

KAREEM ABDUL-JABBAR BLUEPRINT

Der NBA-Star der 1970er- und 1980er-Jahre gilt als Pionier des modernen Basketballs. „Blueprint“ bedeutet „Blaupause“ bzw. „Konzept“ oder „Vorlage“ und ist eine Anspielung auf den vorbildlichen Sportler.

JEREMY SCOTT LETTERS

FLEETWOOD LOW

CRAZY

L.A. TRAINER

OREGON

ZX 500

MICROPACER

NIZZA

STAN SMITH X PHARRELL WILLIAMS

SUPERSTAR

TOP TEN

ZEITFREI

ZX FLUX

JEREMY SCOTT STREETBALL SHOES

KLEGER SUPER

NASTASE X KZK

JEREMY SCOTT WINGS GOLD FOIL

Der amerikanische Modeschöpfer und Artdirector verlieh dem Schuh mit den drei Streifen Flügel.

DECADE

Eine Neuauflage des legendären Basketballschuhs der 1980er-Jahre, des Symbols eines Jahrzehnts

ADIPOWER HOWARD 3

Das Modell wurde für Dwight Howard entworfen, den Star der Houston Rockets.

CONDUCTOR HIGH OLYMPIC

Das Modell von Patrick Ewing (New York Knicks, 1980er- und 1990er-Jahre) war bei den Olympischen Spielen 1988 in Seoul dabei und trägt das taoistische „Sam Taeguk"-Symbol, das sich aus einem blauen (Yin), roten (Yang) und gelben (Mensch) Feld zusammensetzt.

OFFICIAL

APS

JEREMY SCOTT WINGS 3.0

EQUIPMENT GUIDANCE

ADIZERO

INSTINCT

PRO MODEL

ENERGY BOOST

PUMA, DIE REBELLISCHE RAUBKATZE

Aus dem Konkurrenzkampf unter zwei Brüdern entstand Puma, die stylische Marke mit berühmten Botschaftern aus der Sport- und Modewelt.

Bei den Olympischen Spielen in Mexiko 1968 erhoben die Sprinter Smith und Carlos die Faust, um gegen die Rassendiskriminierung in den USA zu protestieren.

Nur vier Kilometer voneinander entfernt residieren im bayerischen Herzogenaurach die beiden Sportartikelgiganten Adidas und Puma. Für ein Städtchen mit gerade einmal 23 000 Einwohnern eine stolze Bilanz! Grund dafür war das Zerwürfnis zwischen Rudolf und Adolf Dassler. Nach gemeinsamen Jahren in einer 1924 gegründeten Schuhfirma gingen sie ab 1948 getrennte Wege. Rudolf, der ältere Bruder, hob sein eigenes Unternehmen, Puma, aus der Taufe. Seine Strategie: die Superstars des Spitzensports mit ins Boot holen. Mit lukrativen Verträgen köderte er legendäre Fußballer wie Pelé, Eusébio, Johan Cruyff und Diego Maradona, die den Puma *King* zum Lieblingsmodell des Kickernachwuchses machten. Mit Guillermo Vilas und Boris Becker eroberte Puma den Tennissektor, Michael Schumacher stellte die Verbindung zur Formel 1 her. Seit 2007 gehört Puma dem französischen Kering-Konzern. Trotz Werbezugpferd Usain Bolt und der Zusammenarbeit mit berühmten Modedesignern wie Alexander McQueen und Hussein Chalayan hinkt die Marke seitdem der Konkurrenz hinterher. Einer ihrer Topseller ist der Klassiker Puma *Clyde*.

DISC

Als in den 1990er-Jahren das Innovationsfieber grassierte (Torsion, Air, Pump), brachte Puma 1992 das Disc-System heraus, das die Schnürsenkel ersetzt und die Weite des Schuhs mit einem Drehknopf reguliert.

2
1
3

„EINE POLITISCHE BOTSCHAFT“

16. Oktober 1968. Das Podest des 200-Meter-Finales der Olympischen Spiele in Mexiko, wo die amerikanischen Athleten Tommie Smith und John Carlos ihre Unterstützung für die Bürgerrechtsbewegung zeigen, indem sie während des Abspielens der Nationalhymne eine Faust mit schwarzem Handschuh in die Luft recken – die Black-Power-Geste. Aber warum in aller Welt bestiegen sie das Podest in Socken, nachdem sie ihre Puma-Suede-Sneaker, die sie neben sich auf das Podium legten, vorsichtig ausgezogen hatten? Ein Publicity-Gag? Tommie Smith erklärt es so:*

„Die Zuschauer verstanden nicht sofort, was diese Geste bedeutete, denn noch nie war jemand mit Sneakern auf ein olympisches Siegertreppchen gestiegen, es sei denn, er hatte sie an den Füßen! Es war kein Publicity-Gag für Puma. Genau wie die Faust und der schwarze Handschuh enthielten sie eine politische Botschaft. Ich trug Socken ohne Schuhe, um die Armut der Schwarzen in Amerika sichtbar zu machen und alle daran zu erinnern, dass viele meiner Landsleute sich diese Art von Schuhen nicht leisten konnten. Ich übrigens auch nicht! Im Laufe der Jahre habe ich Dutzende von Rekorden mit anderen Schuhen aufgestellt und nie einen Cent bekommen. Ich bekam keine Hilfe, keine Briefe, keine Ermutigung. Bei den Spielen in Mexiko wurden Stabhochspringer, Diskuswerfer und Kugelstoßer dafür bezahlt, diese Schuhe zu tragen [was damals verboten war]. Aber Tommie Smith, der schwarze Sportler, hat nie etwas erhalten. Ich musste sogar um Spikes bitten, um laufen zu können. Zu dieser Zeit konnten meine Frau und ich kaum die Miete für uns und unseren zehnjährigen Sohn Kevin aufbringen. Ich hielt Dutzende von Rekorden, aber ich musste auch Autos waschen, Flaschen sammeln, die ich in die Geschäfte brachte, um das Pfand zu bekommen, damit ich Milch für meinen Sohn kaufen konnte. Ich wurde dem Puma-Management einige Monate vor den Spielen von einem Freund vorgestellt. Ich erzählte ihnen von meinen finanziellen Problemen und sagte, was wir benötigten. Sie meinten zu mir: „Okay, wenn Sie in die Familie aufgenommen werden wollen, können wir Folgendes für Sie tun.“ Und sie kauften Similac, eine Art Milch mit einer besonderen Zusammensetzung, die mein Sohn brauchte. Er wurde ein Weltklasse-Weitspringer, der sogar mit Mike Powell [Weltmeister in dieser Disziplin 1991 und 1993] sprang. Seitdem bin ich Puma treu geblieben, nicht nur wegen der Qualität der Produkte, sondern auch wegen der Werte und der freundlichen Art.“

* *Tommie Smith wurde von der Autorin und Paul Miquel im Juni 2008 für die französische Ausgabe der Zeitschrift* GQ *interviewt.*

MOSTRO

Keiner gab dem ausgefallenen Modell mit den gekreuzten Klettstreifen und der Kletterersohle große Chancen – und doch wurde es für Puma ein Bestseller.

SPEEDCAT

Anfang des neuen Jahrtausends trug jeder dritte Student das Formel-1-Modell mit der Sohle, die an einen Autoreifen erinnert; dann verschwand es von heute auf morgen wieder in der Versenkung.

CHALLENGE ADVANTAGE

EASY RIDER

ARCHIVE LITE

CARO

CATSKILL CANVAS

COURT STAR

EL SOLO

STEPPER CLASSIC

TAHARA

EVERFIT

MEXICO

CLASSIC PLUS HIGH

'48

ICRA

MATCH

FIELDSPRINT

DALLAS

Die minimalistische Version des *Suede*, ein Lieblingsmodell europäischer Breakdancer

RS1

Bereits 1985 entwickelte Puma einen Laufschuh mit integriertem Computer, der alle für den Läufer relevanten Daten registrierte. Der *RS-Computer* ging nie in Produktion – das Schuhmodell *RS1* ohne das technologische Gadget schon.

TRIMM QUICK

Die Besonderheit dieses Modells ist der S.P.A. (Sportabsatz), der die Ferse schützen und die Verletzungsgefahr um 30 % senken soll.

SKY II

Ein widerstandsfähiger und zugleich leichter Schuh, dessen doppelter Klettverschluss den Knöchel optimal schützt. Prominente Träger waren die Los Angeles Lakers und die Boston Celtics.

SMASH

IBIZA

REBOUND

TARRYTOWN

ELSU BLUCHER CANVAS

BEAST

ST RUNNER

FAAS 500 M

NEW BALANCE, DAS PERFEKTE GLEICHGEWICHT

Die amerikanische Firma begann 1906 als Hersteller orthopädischer Schuhe. Sie konnte sich im Laufsport wie in der Modewelt als respektabler Klassiker etablieren.

996 „American Flag“: *New Balance produziert bis heute einen Teil der Schuhe in den USA.*

Wer in ein Paar New Balance schlüpft, spürt sofort: Die sind super bequem! Das ist das Hauptmerkmal der Marke, die William Riley 1906 in einem Vorort von Boston gründete. Der aus England eingewanderte Schuhmacher begann als Hersteller von Einlagen und orthopädischen Schuhen. Hühner, die sich mit ihren drei Krallen perfekt im Gleichgewicht (engl. *balance*) halten, hatten ihn zur Entwicklung einer Sohle inspiriert, die das Fußgewölbe an drei Stellen unterstützte. Bald darauf machte Riley seinen kaufmännischen Leiter Arthur Hall zum Partner, der erste Verträge mit der Feuerwehr und der Polizei von Rhode Island und Massachusetts an Land zog. 1925 konzipierte New Balance für den Bostoner Sportclub Brown Bag Harriers den ersten Laufschuh. Aber erst 1961, als das in verschiedenen Weiten erhältliche Modell *Trackster* mit der Riffelsohle herauskam, konnte sich „New-B“ auf dem Sportmarkt etablieren. Nach und nach eroberten die konsequent durchnummerierten Modelle auch die Modewelt, dabei hielt die Firma an ihren althergebrachten Produktionsmethoden fest. Bis 2006 wurden 70 % der Schuhe in den USA und im Tochterwerk im englischen Flimby hergestellt, während die Konkurrenz ihre Produktion längst in die Billigländer Südostasiens ausgelagert hatte. Für New Balance waren Qualität und Firmenphilosophie seit jeher die besten Verkaufsargumente; 2013 entschloss sich die Firma dann erstmals, mit dem kanadischen Tennisspieler Milos Raonic einen Spitzensportler als Werbeträger zu verpflichten.

In den 1990er-Jahren erhielt die schwächelnde Firma unverhofften Auftrieb, weil der damalige Präsident Bill Clinton den New Balance *1500* auf seinen Joggingrunden trug, die die Presse aufmerksam verfolgte.

new balance
996

NB 992

Jedes Mal, wenn Apple-Geschäftsführer Steve Jobs eine Neuheit präsentierte, trat er im gleichen Outfit auf: verwaschene Jeans, blauer Pulli von Issey Miyake und New Balance *992* – das Modell ist mittlerweile Kult.

M1500

Auf dem Höhepunkt der Sneaker-Welle in den 1990er-Jahren hatte New Balance mit Bill Clinton einen unfreiwilligen Werbeträger: Er joggte stets im Modell *1500*.

CT300

MC1296

M530

MRT580 X MITA SNEAKERS

M577

M670

K1300

M997

M997

CM1600

M574

M999

711 FITNESS

MRL996

M850

M576

NB 990 MADE IN USA

Das Einzelmodell war ein Geschenk an Barack Obama vor dessen Wahlkampf 2012, als Hinweis auf die Bedeutung der einheimischen Industrie.

NB 420

Der Sonntags-Sneaker für jedermann bekam den Spitznamen *„Barbecue"* und charakterisierte den perfekten Freizeitschuh.

H710

Mit seiner Wanderschuhästhetik ist der *H710* ein radikaler Ausbrecher aus dem Laufprogramm von New Balance.

NB 980

Die Sohle mit Wabenstruktur überzeugte mit „Fresh Foam", einem Dämpfungssystem, das eine neue Laufschuhgeneration einläutete.

WL574

U410

M373

CONCEPTS X NB 998

CM620

M990 SLIP ON

M990

M1400

REEBOK, DIE SENIORIN AUF TÖNERNEN FÜSSEN

Nach über 100 Jahren Pionierarbeit in Eigenregie zeichnet sich für die englische Traditionsfirma unter der Führung von Adidas eine zweite Jugend ab.

Reebok ist unbestritten *die* Marke, die stets neue Impulse gab. Schon 1895, lange bevor es die Rivalen wie Adidas, Puma und Nike gab, stellte Joseph William Foster handgenähte Sportschuhe her. Sie wurden von einigen Teilnehmern der Olympischen Spiele von 1924 in Paris getragen. Seine Enkel tauften die Firma 1958 auf den Namen Reebok, nach einer südafrikanischen Antilopenart. Das in Bolton im Nordwesten Englands beheimatete Unternehmen wagte sich 1979 als erster ausländischer Konkurrent mit Sportschuhen zu 60 Dollar auf den US-Markt, brachte 1982 den ersten Fitnessschuh für Damen, den *Freestyle*, heraus und überraschte 1989 mit dem von Hand regulierbaren Luftkissensystem *Pump*. Leider war Reebok auch der erste Sneaker-Hersteller, der in den wichtigen Jahren um die Millenniumswende trotz prominenter Werbeträger (die Basketballer Shaquille O'Neal und Allen Iverson, die Tennisgöttin Venus Williams) an Terrain verlor. 2005 wurde die Firma vom Adidas-Imperium übernommen. Seit fünf Jahren kümmert sich Reebok wieder verstärkt um den Fitnesssektor und konzentriert sich vor allem auf den trendigen CrossFit-Bereich, der verschiedene Disziplinen (Laufen, Gewichtheben, Gymnastik) miteinander kombiniert.

Der Pump *war ein Muss auf den Schulhöfen der 1990er-Jahre.*

3,5

MILLIARDEN US-DOLLAR

Das war die Summe des Übernahmeangebots von Adidas am 3. August 2005 für die Firma Reebok, deren Jahresumsatz 20 Jahre zuvor noch 1,5 Milliarden US-Dollar betrug.

Reebok

BETWIXT

Ein Fitnessschuh für Damen, aufgepeppt von der Künstlerin Olka Osadzinska

WORKOUT MID STRAP GREEN NEON X KEITH HARING

Die Handschrift des amerikanischen Künstlers (Frühjahr/Sommer-Kollektion 2014) ist unverkennbar.

BB4600 HIGH

COMMITMENT MID

ERS 2000

PRO LEGACY

GL 1500

GRAPH LITE

KAMIKAZE

LX8500

CLASSIC NEO LOGO

GL 6000

KAMIKAZE II

ROYAL MID

PRINCESS

QUESTION

NPC FVS MID

INFERNO

DMX 10

Als Antwort auf den allgegenwärtigen Nike *Air* erfand Reebok 1997 das Dämpfungssystem DMX.

REAL FLEX FUSION TR

Die Sohle des Hallensportschuhs ist mit 53 Noppen bestückt, die sich den Fußbewegungen perfekt anpassen.

SHAQNOSIS

In den 1990er-Jahren brachte Reebok die *„Shaq Attaq"*-Serie heraus, welche den aggressiven Stil des Basketballers Shaquille O'Neal widerspiegelte. Der *Shaqnosis* war eines der populärsten Modelle.

THE BLAST

Der Ausnahmespieler Nick Van Exel machte diesen Basketballschuh Mitte der 1990er-Jahre berühmt.

Q96

SHAQ ATTAQ PHOENIX

KAMIKAZE III

SOLE TRAINER

VENTILATOR

CLASSIC JAM

REEBOK ANSWER 1

WORKOUT PLUS

CONVERSE, UNTER EINEM GUTEN STERN GEBOREN

Der populäre Sportschuhhersteller der 1980er-Jahre hat heute mit seinem Kult-Sneaker *All Star* ein festes Standbein im Lifestyle-Sektor.

Ein unglücklicher Treppensturz inspirierte Marquis Mills 1908 in Malden (Massachusetts) zu der Idee, Schuhe mit rutschfesten Sohlen herzustellen – heißt es jedenfalls. Sicher ist, dass Mills seine junge Firma auf den Mädchennamen seiner Mutter taufte, Converse. Ist es Zufall, dass auch der damals amtierende, äußerst populäre Bürgermeister so hieß, der ein lukratives Geschäft mit Gummischuhen machte? Bald produzierte die Converse Rubber Shoe Company bis zu 4000 Paar gefütterte Gummistiefel jährlich. Aber der Jungunternehmer hatte größere Pläne. 1917 brachte er einen Sportschuh heraus, den Converse *All Star*, der sechs Jahre später den Namen seines berühmten Werbeträgers bekam: *Chuck Taylor*. Der Schuh verkaufte sich 800 Millionen Mal. Anfang der 1970er-Jahre kaufte die Firma Converse, die inzwischen die US-Armee mit Fallschirmspringerstiefeln belieferte, der Firma BF Goodrich die Produktionsrechte an deren Modell *Jack Purcell* ab, das nach dem berühmten kanadischen Badmintonspieler benannt worden war. Als offizieller Sponsor der Olympischen Spiele 1984 in Los Angeles machte sich Converse ebenso einen Namen wie mit berühmten Werbeträgern, zu denen Basketballspieler wie Julius Erving, Larry Bird und Magic Johnson oder Tennisstars wie Jimmy Connors und Chris Evert gehörten. Doch dann brach die Erfolgsserie ab. In den 1990er-Jahren hatte die Konkurrenz die Nase vorn und Converse stand mit 226 Millionen US-Dollar in den roten Zahlen. Die Übernahme durch Nike 2003 brachte die Rettung.

Werbung und Modell spielen auf den bekannten Pop-Art-Künstler Roy Lichtenstein an.

720

MILLIONEN US-DOLLAR

Das war der Jahresumsatz von Converse 2008 – verglichen mit „nur" 200 Millionen im Jahr 2003.

OH,
CHUCK

ELVIS PRESLEY, 1962

Der zukünftige King ist hier am Set von Ein Sommer in Florida *im Jahr 1962 zu sehen. Der* All Star *war bereits von der amerikanischen Arbeiterklasse aufgegriffen worden, doch nun wurde er zum Lieblingsschuh der coolen Kids.*

KURT COBAIN, 1990

Kurt Cobain – Leadsänger von Nirvana – änderte seinen Look kaum: ein etwas zu langer Pullover, ein verwaschenes Hemd oder ein unförmiges T-Shirt, zerrissene Jeans und immer ein Paar Converse an den Füßen, meist der schwarze All Star, *manchmal auch* Jack Purcell.

KA ONE
Das Lieblingsmodell der Skater wurde von Kenny Anderson neu gestylt.

MALDEN ARCTIC
Mit diesem Modell erinnert Converse an die gefütterten Winterstiefel aus den Anfangszeiten der Firma.

AERO JAM 2

CHRIS EVERT

BREAKPOINT

CTS OX CAMO

PRO STAR

PRO BLAZE

MATCHPOINT

ONE STAR BY JOHN VARVATOS

PRO FIELD HI

TRAPASSO PRO

MALDEN RACER

ROADSTAR

CHUCK TAYLOR BOOT

STAR PLAYER

SEA STAR

TIME LINE ONE STAR

WEAPON MAGIC JOHNSON

Dass Magic Johnson den Basketballschuh in den Vereinsfarben der Los Angeles Lakers als seine „Wunderwaffe" bezeichnete, machte ihn umso attraktiver.

JACK PURCELL

Die „Smiley"-Spitze war das Erkennungszeichen des eleganten Tennisschuhs, den der gleichnamige kanadische Badmintonspieler 1935 entwarf.

PRO LEATHER DR J

Der Spitzenbasketballer Julius Erving alias Dr J gewann seinen einzigen NBA-Titel Anfang der 1980er-Jahre in diesem Converse, der dem *Pro Model* von Adidas als Vorlage diente.

CHUCK TAYLOR ALL STAR

Eine der unzähligen „künstlerischen" Varianten des Urvaters der Sneaker-Geschichte

CVO

PRO LEATHER

STAR PLAYER HIGH

GATES

CONVERSE DWYANE WADE

STAR TECH

ICON PRO

ODESSA

ASICS - ONITSUKA TIGER, EINE SICHERE NUMMER

Als Pionier auf dem Laufschuhsektor hatte sich die japanische Firma mit dem *Mexico 66* und dem *Gel Lyte III* einen guten Namen gemacht.

Bruce Lee trug den Mexico 66 *während des Drehs für* Mein letzter Kampf *(1978).*

1949 kreierte der 31-jährige japanische Schuhmacher Kihachiro Onitsuka seine ersten Sportschuhe. Zu Anfang waren Basketballer seine Kunden, doch schon bald verlegte er sich auf den Sektor, dem die Marke heute ihren Weltruf verdankt: den Laufsport. 1951 ging der erste Laufschuh aus weichem Netzgewebe, das die Blasenbildung verhinderte, in Boston als Sieger über die Ziellinie – an den Füßen des Marathonläufers Shigeki Tanaka. Im folgenden Jahrzehnt setzte sich die Marke international durch. Abebe Bikila, der vier Jahre zuvor in Rom noch barfuß triumphiert hatte, konnte seine Goldmedaille 1964 in Tokio in einem Paar Tiger verteidigen. 1966 gewann er einen weiteren Marathon, diesmal mit *Mexico*, dem ersten Modell mit den berühmten Tigerstreifen an der Seite. Der Film *Bruce Lee – Mein letzter Kampf* machte den Schuh 1972 unsterblich. (Im selben Jahr ließ sich ein gewisser Phil Knight, Onitsuka-Repräsentant in den USA, von dem japanischen Unternehmen inspirieren, eine eigene Firma, Nike, zu gründen.) 1977 fusionierte Onitsuka mit dem Kleiderhersteller GTO Sports Nets & Sportswear, die Sportschuhabteilung firmierte fortan unter dem Namen Asics. In den technologiebesessenen 1980er-Jahren erfand Asics das den Aufprall dämpfende Betagel; mit der Silikonmischung in den Sohlen wurde der *Gel Lyte II* ein Bestseller. Wie viele Konkurrenten wagte auch Asics in den vergangenen 15 Jahren Vorstöße in andere Bereiche (Tennis, Rugby), ohne jedoch deren Fehler zu begehen, den Kernsektor zu vernachlässigen. Im Laufsport ist Asics nach wie vor die Nummer eins.

Asics ist die Abkürzung für „Anima Sana In Corpore Sano".

GEL LYTE III

Der technologisch ausgefeilteste Laufschuh des japanischen Herstellers ist heute unter Hipstern ein Kultmodell.

ULTIMATE 81

Unter dem Namen *Ultimate 81 SD* erlebte das mit einer Waffelsohle aufgewertete Schwestermodell des *Mexico* 2002 eine erfolgreiche Neuauflage.

BURFORD

LAWTON

FARSIDE

MEXICO 66

GEL SUPER J 33

GT 1000

SUNOTORE LE

GEL SAGA

LAWNSHIP

CURREO

T-STORMER

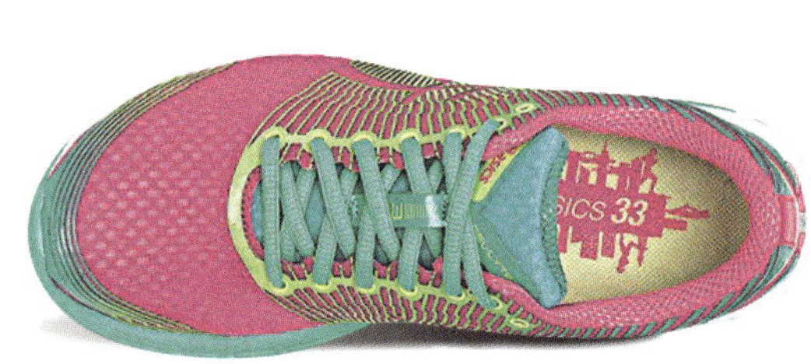

GEL LYTE 33™

OC RUNNER

COLORADO EIGHTY-FIVE

GEL PURSUE™ 3

GEL KINSEI® 5

TAI-CHI

Uma Thurman machte in *Kill Bill* (2003) das speziell für den Kampfsport konzipierte Modell unsterblich.

GEL NOOSA™

Im harten Kampf der Triathleten ist der Schuh ein bunter Lichtblick.

GEL LYTE II SOLD OUT

Das von der Pariser Boutique Colette und der Agentur La MJC entworfene Modell wurde nur in 100 Exemplaren aufgelegt.

FABRE

Der Modellname ist eine Abkürzung von „Fast Break", einem Spielzug im Basketball, der dem Tempogegenstoß entspricht.

SAKURADA

SHAW

SHERBONE RUNNER

AARON

TIGER CORSAIR

FUJIRACER

GOLDEN SPARK

NIMBUS® 16

VANS, DIE SKATER-IKONE

Mit flexiblen, aber robusten Schuhen in poppigen Farben beherrscht Vans seit Mitte der 1970er-Jahre die Skater-Szene. Doch die Geschichte hätte auch ganz anders ausgehen können.

Steve Caballero war der Skater-Star der 1980er-Jahre und trug Vans.

1965 beschloss der 35-jährige Vizedirektor des Schuhherstellers Randy's an der amerikanischen Ostküste, Paul Van Doren, alles hinzuwerfen. Mit seiner Frau, den fünf Kindern und Bruder James machte er sich auf nach Kalifornien. Ein paar Monate später eröffneten die beiden Skater-Fans in Los Angeles den ersten Vans-Shop. Um Kosten zu sparen, übernahmen sie den Vertrieb ihrer Schuhe selbst. 1976 brachten sie das Modell heraus, das zur Legende wurde: den rot-blauen *Era*, getragen von Skater-Stars wie Tony Alva und Stacy Peralta. Die Verkaufszahlen explodierten, die Firma legte mit weiteren Kultmodellen (*Slip-On, SK8*) nach. 1982 lieferte Sean Penn eine Gratiswerbung – in dem Kinofilm *Ich glaub', ich steh' im Wald* trug er die berühmten schwarz-weiß karierten *Slip-On*. Seine Rolle als Haschisch rauchender Surfer passte perfekt zum rebellischen Image des Sneakers und machte ihn zu einem Symbol der Popkultur. Doch dann begann die Talfahrt. Bei dem Versuch, weitere Marktsektoren zu erobern, übernahm sich Vans. Die Kosten stiegen, die Inspiration fehlte, das Unternehmen musste Konkurs anmelden. Nach mehreren Besitzerwechseln zwischen 1988 und 2004 hat sich Vans nun wieder auf seine alten Stärken besonnen und das Herz der Skater zurückerobert.

#44

Das war der Name des ersten Modells, das 1966 auf den Markt kam und heute *Authentic* heißt.

VISION
TRACKER

OLD SKOOL (OBEN) / SK8 HIGH (UNTEN)

Mit diesen beiden Modellen wurde der „Jazz Stripe“ geboren, der weiße Seitenstreifen, der die Vans ab den 1980er-Jahren zierte. Der hohe *SK8* mit den Knöchelpolstern bewahrte Generationen von Skatern bei ihren gewagten Figuren vor Verletzungen.

106 VULCANIZED

BUFFALO BOOT

MICHOACAN

CHUKKA LOW

COSTA MESA

ERA 59

TRIG

LINDERO SUEDE

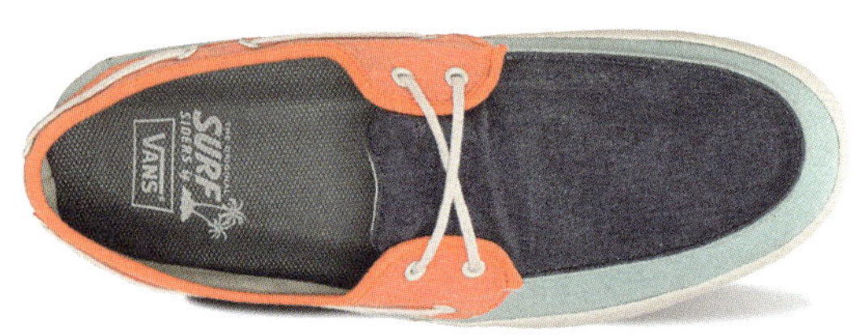

CHAUFFEUR

LPE

LUDLOW

MADERO

OTW BEDFORD

PROP

ROWLEY PRO

STYLE 36

AUTHENTIC (OBEN) / ERA (UNTEN)

Der *Authentic* war das allererste Vans-Modell, der Urvater einer ganzen Dynastie. Eine robustere, bequemere Variante davon ist der *Era*, der für die Skater-Stars Tony Alva und Stacy Peralta entworfen wurde. Erst auf den zweiten Blick erkennt man die gepolsterte Abschlusskante.

HALF CAB
Als Vans Mitte der 1980er-Jahre einen Durchhänger hatte, sorgte der robuste, flexible und technisch ausgefeilte *Half Cab* für neuen Aufwind.

SLIP-ON
Bis heute lieben BMX-Puristen ihren Vans ohne Schnürsenkel.

BRETON

TNT 5

RATA VULCANIZED

CHUKKA MID

CHIMA FERGUSON

SLIP-ON AGED LEATHER

OLD SKOOL X WOLF GANG

ZAPATO DEL BARCO

PONY, DIE VERGES-SENE SCHÖNHEIT

Der Star US-amerikanischer Sporthallen und Stadien in den 1970er- und 1980er-Jahren wurde in den nachfolgenden Jahrzehnten von den Branchengiganten aus dem Rennen geworfen.

Spud Webb überraschte mit seinen nur 1,70 m als Gewinner des Slam Dunk Contest 1986.

1972 gründete Roberto Muller mit finanzieller Unterstützung von Adidas-Chef Horst Dassler in New York die Sportschuhfirma Pony („Product Of New York"). Sie belieferte die Spieler der American Baseball Association (ABA), bevor diese 1976 von der NBA geschluckt wurde. Und sie hatte zwei absolute Ausnahmesportler als Zugpferde: den Fußballer Pelé und den Boxer Muhammad Ali. Anfang der 1980er-Jahre erweiterte Pony seine Produktpalette um den Tennisschuh *Tracy Austin*, benannt nach der jüngsten US-Open-Gewinnerin aller Zeiten (1979). 1983 kam der *Linebacker* dazu, dessen Erkennungszeichen die oben umgeschlagene Zunge war. Eigentlich als Sportschuh für den American Football gedacht und in allen möglichen Vereinsfarben erhältlich, machte das Modell schnell im Freizeitbereich Karriere, besonders in den Street-Versionen für Jugendliche. Doch in den 1990er-Jahren, als der Sneaker-Kult erste hohe Wellen schlug, ging Pony die Puste aus. Wer auf dem Schulhof jetzt noch einen *Top Star* oder *Midtown* trug, war absolut uncool – dabei hatten sie zehn Jahre zuvor noch als kultige Szene-Sneaker gegolten. Nach der Übernahme durch ein kalifornisches Unternehmen 2001 versuchte Pony mit Künstlereditionen (Justin Timberlake, Limp Bizkit, Snoop Dogg) einen Neustart, konnte aber an frühere Erfolge nicht mehr anknüpfen. Momentan versuchen Trendsetter, neuen Schwung reinzubringen.

16 JAHRE

alt war Tracy Austin, als sie 1979 die US Open gewann, als jüngste Siegerin in die Geschichte einging und einem Pony-Modell ihren Namen gab.

PONY®

Spud Webb

**THE OFFICIAL SHOE
OF THE 5′7″ GUY EVERYONE LOOKS UP TO.**

MIDTOWN

Dem drei Jahre zuvor herausgekommenen *Nike Air Force 1* sieht das Modell überraschend ähnlich.

M110 X RONNIE FIEG

2014 verhalf der New Yorker Designer Ronnie Fieg dem kompakten Basketballstiefel *M110* zu einem Comeback.

M100

RUNNER NYLON

BLENDER

SLAMDUNK VINTAGE

TRACKITBACK

SLAMDUNK OX CANVAS

SMILEY

RICKY POWELL X PONY

LEADERS 1354 X PONY

PRO 80

SMILEY

M110

MVP

TOP STAR LOW

M100 NYLON

TOP STAR CANVAS NYLON

CITY WINGS

Ein Jahr zuvor war von Nike der ähnlich aussehende *Jordan* herausgekommen.

RUNNER LADY LIBERTY

Mit der 2015 lancierten Neuauflage des *Runner* demonstriert der Berliner Trendshop Overkill, dass Pony nicht nur Basketballmodelle im Programm hat.

COLETTE X PONY

Die französisch-feminine *Top-Star*-Version erinnert an das Modell von Tracy Austin, die 1979 als jüngste Tennisspielerin aller Zeiten die US Open gewann.

TOP STAR

Aus dem Hallenstar der 1970er-Jahre, dessen Träger in den 1990er-Jahren als altmodisch belächelt wurden, ist ein begehrtes Must-have der Fashionistas geworden.

TOP STAR HI SUEDE

TOP STAR SUEDE OX

CITY WINGS NYLON

M110 OG

ROTHCO X PONY

SLAMDUNK

ALFREDO GONZALEZ X PONY

DEE & RICKY X PONY

LAST BUT NOT LEAST

Man kann die Erfolgsgeschichte der Schuhe, die ursprünglich einmal für den Basketballsport gedacht waren, nicht allein an den Giganten der Branche festmachen. Auch wenn Nike, Adidas & Co. heute tonangebend sind, neue Trends lancieren und den Löwenanteil des milliardenschweren Geschäfts einstreichen, haben viele weitere Marken die Sneaker-Kultur mitgestaltet. Manche Marken sind mittlerweile in Vergessenheit geraten. Dazu zählt etwa das italienische Trio Fila, Ellesse und Sergio Tacchini, das in den 1970er- und 1980er-Jahren ganz groß in Mode war. Immer wieder (und immer öfter) landen bis heute kleinere Firmen den großen Coup – oft bleibt unerklärlich, warum ausgerechnet dieses eine Modell den Nerv der Massen trifft. Die Sneaker-Story bliebe auch unvollständig, wenn man die wichtige Rolle der großen Modehäuser und Luxusartikelhersteller unerwähnt ließe, die Turnschuhe ab dem neuen Jahrtausend endgültig salonfähig machten und in Edelversionen in ihre Kollektionen aufnahmen. Beispiele dafür sind der *SL/10* von Yves Saint Laurent, sozusagen eine Luxusausgabe des *Jordan*, der schlichte *B01* von Dior Homme und der *High* von Lanvin, ein Klassiker des „Casual Chic".

55

MILLIARDEN US-DOLLAR

Dieser Betrag wurde 2013 weltweit mit Sneakern umgesetzt.

ALIFE - PUBLIC ESTATE MID

APL - CONCEPT 1

BALENCIAGA - ARENA

BATA - NORTH STAR

COMMON PROJECTS - ACHILLES

DIADORA - EQUIPE STONE WASH

ELLESSE - FAB 5

EMERICA - THE REYNOLDS

ETNIES - JAMESON 2

ETONIC - TRANS AM

FAGUO - OAK

FEIYUE - FE

FRED PERRY - KINGSTON

GOLA - QUICKSAND

GOURMET FOOTWEAR - THE 35 LITE

PEAK - PROSPECT

HUMMEL - STADIL

Dass das Starmodell des dänischen Herstellers auch der Favorit von Daniel Craig alias James Bond ist, verleiht ihm sozusagen den Ritterschlag.

LACOSTE - MISSOURI

Große Modelabels bedienen sich gern aus dem Sneaker-Angebot – wie hier Lacoste mit dem Nike *Air Trainer 1*.

LANVIN - HIGH

Der Luxus-Sneaker zählt zu den Lieblingsmodellen des Rappers Kanye West.

MONCLER - MONACO

Das italienische Bekleidungshaus steht nicht nur für teure Daunenjacken, sondern auch für elegante Sneaker.

PIERRE HARDY - POWORAMA

PRADA - LINEA ROSSA

RAF SIMONS - HIGH-TOP STRAP SNEAKERS

RICK OWENS - RAMONES SNEAKERS

SAUCONY - GRID 9000

SPLENDID - SOLVANG

SPALDING - PIXIES

SUPERGA - 2750

SUPRA FOOTWEAR - OWEN TRAINER

TACCHINI - PARIGI

TERREM - PUBLIC

UNDER ARMOUR - CURRY ONE

VALENTINO - RED CAMOUFLAGE ROCKRUNNER SNEAKERS

VEJA - TAUA

WILSON - PRO STAFF

WRUNG - DESTRO

YVES SAINT LAURENT - SL/10

Das Modell sieht etwas (oder sogar ziemlich stark) wie der *Air Jordan 1* aus.

YOHJI YAMAMOTO - Y-3 QASA

Der unverwechselbare Stil des japanischen Modedesigners macht sich seit 2003 bei Adidas bemerkbar.

DIE OBER-LIGA

AIR YEEZY 2 RED OCTOBER
AIR JORDAN XII FLU GAME
AIR JORDAN XII OVO DRAKE
AIR FORCE 1 BOGEYMAN
AIR MAG
AIR JORDAN 2 (1986 OG)
KOBE AIR ZOOM 1
JORDAN 11 BLACKOUT
ARTHUR ASHE
BJÖRN BORG
JIMMY CONNORS
STEFAN EDBERG
IVAN LENDL
ILIE NASTASE
YANNICK NOAH
ROD LAVER
GUILLERMO VILAS
JEREMY SCOTT WINGS
AIR JORDAN 8 AQUA
COWHIDE BOOT
RED
COLORAMA
JASPERS (GREY AND PINK)
AIR YEEZY 2 PURE PLATINUM
METALLIC VELCRO HIGH
YEEZY BOOST
HAKEEM OLAJUWON
SPUD WEBB
PATRICK EWING
DERRICK COLEMAN
GRANT HILL
LEBRON JAMES
ALIEN STOMPER
STAN SMITH BLACK
AIR FLOW
SLIP-ON CHECKERBOARD
AIR JORDAN 4 GS
ZISSOU
COUNTRY
AIR COMMAND FORCE
SKY FORCE 88 MID
AIR WOVEN
CHUCK TAYLOR ALL STAR
BRUIN LEATHER
AIR MAX TRIAX
VANDAL
AIR JORDAN SPIZIKE
AIR JORDAN 5 BLACK GRAPE
AIR MAX 2
AIR JORDAN 10
AIR JORDAN XX8
AIR MAX LEBRON VII
FOAMPOSITE ONE
ZOOM LEBRON IV NYC
AIR TRAINER
X 850
STAN SMITH

3

adidas

Welches ist der kultigste, der erfolgreichste, der schönste Sneaker aller Zeiten? Auf diese Frage gibt es keine Antwort. Selbst ein G7-Gipfel von Sneaker-Experten müsste da kapitulieren, denn der Ikonen sind so viele, dass sie sich niemals auf ein einziges Modell einigen könnten. Und das ist auch gut so. Jedes Land, jede Generation, jeder Lifestyle, jeder Kulturkreis, jeder Trend, jede Sportart und jede Szene hat eigene Mythen und Legenden, ein eigenes Evangelium, einen eigenen Stil. Etwas weniger hochtrabend ausgedrückt: Es ist und bleibt eine Frage des Geschmacks – und über den lässt sich bekanntlich nicht streiten. Trotzdem gibt es Modelle, die sich absetzen. Die sich unter den Hunderttausenden von Sportschuhen, die in all den Jahrzehnten entwickelt, designt und immer wieder neu interpretiert wurden, für den „Sneaker-Olymp" qualifizieren. Nur, nach welchen Kriterien soll man dieses Schuhregal der legendären, universellen, idealen Sneaker bestücken? Für das folgende „Best of" wurden Fachbücher gewälzt, einschlägige Blogs durchkämmt und die Favoriten von Stars, Leitfiguren und Trendsettern analysiert, welche den Erfolg von Sneakern stets maßgeblich beeinflusst haben – ob man das nun gut findet oder nicht. Und trotz allem Bemühen um Objektivität spielen unterschwellig immer auch persönliche Vorlieben mit.

DIE TEUERSTEN

Manche Modelle sind extrem rar, aus kostbaren Materialien gefertigt oder mit einer Sternstunde des Sports verknüpft. Dann klettert ihr Preis auf 100 000 US-Dollar und mehr. Am 16. Februar 2014 waren die wenigen Paare des *Air Yeezy 2 Red October* innerhalb von elf Minuten ausverkauft. Kurze Zeit darauf wurde ein Exemplar auf ebay für 16 394 000 US-Dollar ersteigert.

NIKE AIR YEEZY 2 RED OCTOBER
16 394 000 $

NIKE AIR JORDAN XII FLU GAME
104 000 $

NIKE AIR JORDAN XII OVO DRAKE
100 000 $

NIKE AIR FORCE 1 BOGEYMAN
99 000 $

NIKE AIR MAG
37 500 $

NIKE AIR JORDAN 2 (1986 OG)
31 000 $

NIKE KOBE AIR ZOOM 1
30 000 $

NIKE AIR JORDAN 1 BLACK GOLD (1985)
25 000 $

AIR JORDAN 11 BLACKOUT
11 267 $

DIE TENNIS-ELITE
(NEBEN STAN SMITH)

Der Schuh des schnauzbärtigen Charmeurs Stan Smith ist der unbestrittene Bestseller, aber auch andere Tennisstars haben die Sneaker-Welt um berühmte Modelle bereichert. Dazu gehören etwa der Schwede Björn Borg, elffacher Grand-Slam-Sieger zwischen 1974 und 1981, mit Diadora und Ilie Nastase, 1973 Erster der Tennisweltrangliste, mit Adidas (weiß mit blauen Streifen).

ARTHUR ASHE
Le Coq Sportif

BJÖRN BORG
Diadora

JIMMY CONNORS
Converse

STEFAN EDBERG
Adidas

IVAN LENDL
Adidas

ILIE NASTASE
Adidas

YANNICK NOAH
Le Coq Sportif

ROD LAVER
Adidas

GUILLERMO VILAS
Puma

Ilie Nastase

Der rumänische Spieler, 1973 die Nummer eins der ATP-Weltrangliste, war vor allem der größte Clown der Tennisgeschichte, ein Harlem Globetrotter, der zu den schönsten Schlägen ebenso fähig war wie zu den witzigsten Streichen oder dem abenteuerlichsten Gezeter, das man je auf einem Tennisplatz gehört hat. Das ist zweifellos der Grund, warum der Adidas-Sneaker, der seinen Namen trägt, so populär geworden ist, in Tennisclubs und Fitnessstudios ebenso wie an den Füßen der Rebellen aller Zeiten.

Rod Laver

Die Konturen des gleichnamigen Sneakers sind so schlicht und einfach wie das Spiel des Australiers. Als Gewinner von elf Grand-Slam-Turnieren in den 1960er- und 1970er-Jahren war Laver die erste echte Tennislegende der Welt. Heutzutage ist der Rod-Laver-Schuh viel weniger verbreitet als der Stan Smith, aber er ist die bevorzugte Alternative für alle Sneakerheads und Fashionistas, die es leid sind, den Adidas-Ableger überall zu sehen.

NBA-FAVORITEN

Michael Jordan ist nicht der einzige US-amerikanische Basketballstar der 1990er-Jahre, der Millionen Jugendlicher auf der ganzen Welt dazu brachte, Sneaker zu kaufen. Wie die Superhelden in Comics und in Kinofilmen haben diese Spitzensportler ewige Rivalen, nach denen ebenfalls Sneaker-Modelle benannt sind. Auch 30 Jahre später funktioniert die NBA noch als Goldgrube. 2014 hat Jordans Nachfolger LeBron James Nike 340 Millionen US-Dollar eingebracht, gefolgt von seinen größten Konkurrenten Kevin Durant (195 Millionen) und Kobe Bryant (105 Millionen).

CHARLES BARKLEY *Air Force 180 Olympic*
Nike - 1992

PATRICK EWING *33 Hi*
Ewing Athletics - 1990

KEVIN DURANT *KD 7*
Nike - 2014

HAKEEM OLAJUWON *The Dream Supreme*
Etonic - 1984

SPUD WEBB *City Wings*
Pony - 1986

KOBE BRYANT *X Silk*
Nike - 2015

DERRICK COLEMAN *Control Hi*
British Knights - 1991

GRANT HILL *Grant Hill*
Fila - 1996

LEBRON JAMES *LeBron 12*
Nike - 2014

Charles Barkley

Charles Barkley war der andere NBA-Star der 1990er-Jahre. Er war ein sensationeller Spieler, der auf dem Spielfeld gerne Trash redete und immer einen Spruch für die Journalisten parat hatte. Dieses Mitglied des Dream Teams der Olympischen Spiele von Barcelona 1992, das wie so viele andere von Michael Jordan in den Schatten gestellt wurde, ging dank des Air Force 180 *in die Sneaker-Geschichte ein, der so tough und solide war wie sein Besitzer.*

Kobe Bryant

Michael Jordan hinterließ eine große Lücke in den Herzen der Basketballfans, als er sich 2003 aus dem Sport zurückzog. Zum Glück erschien Kobe Bryant, und dieser Spieler der Los Angeles Lakers (1996 bis 2016) machte die Abwesenheit des großen Meisters zumindest teilweise wett. Als Inhaber von fünf NBA-Meisterschaftsringen und zwei olympischen Goldmedaillen hat die „Black Mamba" einen Spielstil, der sehr oft an den von „His Airness" erinnert, ob es den Fans von LeBron James nun gefällt oder nicht.

KINOHELDEN

Sneaker spielen nicht nur im Sport, sondern auch auf der Leinwand eine Hauptrolle. Hier kommt das legendäre Star-Casting.

REEBOK *Alien Stomper*
Aliens, die Rückkehr – James Cameron, 1986

ADIDAS *Stan Smith Black*
Blade Runner – Ridley Scott, 1982

NIKE *Air Flow*
Jungs im Viertel – John Singleton, 1991

VANS *Slip-On Checkerboard*
Ich glaub', ich steh' im Wald – Amy Heckerling, 1982

NIKE *Air Jordan 4 GS*
Do the Right Thing – Spike Lee, 1989

ADIDAS *Zissou*
Die Tiefseetaucher – Wes Anderson, 2004

ADIDAS *Country*
Beverly Hills Cop – Martin Brest, 1984

NIKE *Air Command Force*
Weiße Jungs bringen's nicht – Ron Shelton, 1992

NIKE *Sky Force 88 Mid*
Die Goonies – Richard Donner, 1985

NIKE *Air Woven HTM*
Lost in Translation – Sofia Coppola, 2003

CONVERSE *Chuck Taylor All Star*
Marie Antoinette – Sofia Coppola, 2006

NIKE *Bruin Leather*
Zurück in die Zukunft – Robert Zemeckis, 1985

NIKE *Air Max Triax*
Space Jam – Joe Pytka, 1996

NIKE *Vandal*
Terminator – James Cameron, 1984

In Spike Lees Film Do The Right Thing *(1989) tritt Clifton, gespielt von John Savage, im Vorbeigehen auf die brandneuen Sneaker* Air Jordan 4 White Cement *von Buggin' Out, gespielt von Giancarlo Esposito. Es folgt ein denkwürdiger Streit zwischen den beiden Männern, bei dem Buggin' Out von seinen Freunden umringt ist: Ahmad, Punchy, Cee und Ella. Der Dialog offenbart die schwelenden Spannungen zwischen den Communitys in Verbindung mit der zunehmenden Gentrifizierung Brooklyns.*

„Du hast mich nicht nur niedergeschlagen, sondern bist auch noch auf meine nagelneuen weißen Air Jordans getreten, die ich mir gerade gekauft habe, und alles, was du zu sagen hast, ist ‚Entschuldigung'?"

Buggin' Out, gespielt von Giancarlo Esposito

BABY-SNEAKER

Ein unter Sammlern weitverbreitetes Ritual ist, von jedem neuen Modell gleich drei Paare zu kaufen: eines zum sofortigen Gebrauch, eines für die Sammlung und eines, das sie zehn Jahre später tragen, wenn der Schuh vom Markt genommen wird. Echte Fans kaufen noch ein viertes Paar – für den Nachwuchs.

ZX 850
Adidas

STAN SMITH
Adidas

100 MM
Jon Buscemi

CHUCK TAYLOR ALL STAR
Converse

FIRST COURT
Nike

FREE
Nike

AIR JORDAN
Nike

AIR MAX
Nike

GL 1500
Reebok

DIE EXOTEN

Auch wenn man über Geschmack nicht streiten kann, hat doch jeder Sneaker eine Funktion, einen eigenen Stil, beinahe könnte man sagen: eine Seele.

BOOTS KNEE HIGH
Converse

SHAPE-UPS
Skechers

RICK OWENS X ADIDAS
Adidas

GLADIATOR SANDAL
Nike

ZOOM KOBE 3
Nike

NIKEAMES
Ora Ïto

AIR FOOTSCAPE
Nike

ATV 19+ TRAINING SNEAKERS
Reebok

KOBE II
Adidas

SPIKE LEE

Der amerikanische Regisseur ist nicht nur ein Fan der New York Knicks und von Michael Jordan, mit dem er in den 1990er-Jahren mehrere Werbespots für den *Air* drehte, er ist auch der prominenteste Sammler von Nike-Sneakern. Bei jedem seiner Auftritte scheint Spike Lee ein anderes Modell zu tragen. Einige seiner Sneaker sind in den Farben seiner favorisierten Basketballmannschaft (Orange und Blau).

AIR JORDAN SPIZIKE
Nike

AIR JORDAN 5 BLACK GRAPE
Nike

AIR MAX 2 CB 94
Nike

AIR JORDAN 10
Nike

AIR JORDAN XX8
Nike

AIR MAX LEBRON VII
Nike

FOAMPOSITE ONE
Nike

ZOOM LEBRON IV NYC
Nike

AIR TRAINER SC AUBURN
Nike

„Das müssen die Schuhe sein."

Mars Blackmon, gespielt von Spike Lee in seinem Film Nola Darling.

KANYE WEST

In der US-amerikanischen Radiosendung *Breakfast Club* behauptete der Rapper und Designer Kanye West im Februar 2015, „die einflussreichste Person im Sneaker-Universum" zu sein. Der Designer des *Yeezy*, der auch sich selbst hervorragend vermarkten kann, wechselte im selben Jahr von Nike zu Adidas, die 2023 aufgrund umstrittener Äußerungen die Zusammenarbeit beendeten. Er besitzt eine der vollständigsten und repräsentativsten Sneaker-Sammlungen überhaupt.

YEEZY BOOST
Adidas x Kanye West

AIR YEEZY 2 PURE PLATINUM
Nike

METALLIC VELCRO HIGH
Raf Simons

HIGH-TOP
Maison Martin Margiela

RED
Balenciaga

COLORAMA
Pierre Hardy

JASPERS (GREY AND PINK)
Louis Vuitton x Kanye West

COWHIDE BOOT
Ato Matsumoto

JEREMY SCOTT WINGS
Adidas

„Yeezy, Yeezy, Yeezy just jumped over Jumpman."

In seiner am 1. Januar 2016 veröffentlichten Single Facts *nahm der Rapper/Designer den amerikanischen Sportausrüster Nike aufs Korn, von dem er sich 2013 getrennt hatte (um zu Adidas zu wechseln), weil der sich weigerte, ihm seine eigene Modekollektion zu überlassen. Kanye West deutete mit der Pointe „Yeezy, Yeezy, Yeezy just jumped over Jumpman" an, er habe sowohl Michael Jordan (der Nike Air Jordan trägt das Jumpman-Logo) übertroffen als auch seine musikalischen Konkurrenten Drake und Future, die den Track* Jumpman *geschrieben haben und ebenfalls Botschafter der „Swoosh"-Marke sind.*

I
FEEL
LIKE
PABLO

TOP FASHION

Obwohl Coco Chanel und Jean Patou bereits in den 1920er-Jahren leichte Sportschuhe aus Segeltuch trugen, wurde die Modeindustrie erst Anfang der 1980er-Jahre auf die Sneaker-Kultur aufmerksam. Zuerst schlüpften die Models in Tennisschuhe, bevor die Designer begannen, etwas Eigenes zu entwerfen. Heute reicht die Palette von hyper-minimalistisch bis hin zu völlig exzentrisch. Hier folgt eine Übersicht über die neuesten Schuh-Bestseller, die unserer Meinung nach einen Blick wert sind.

TENNIS FIELD
Burberry

LIZARD
Brooks Brothers

PRIME TENNIS SHOE
Fred Perry

LOUIS PYTHON FROZEN
Christian Louboutin

TRAILBLAZER
Louis Vuitton

101 MATCH HIGH-TOP
Pierre Hardy

AVENUE
Prada

STAN SMITH STRAPS BLACK WHITE 2
RAF Simons

VEJA X BLEU DE PANAME WHITE 2

TOP SMU

SMU (Special Make Up) bezeichnet einen Schuh, der für ein Fachgeschäft entworfen wurde. Wenn ein Modell von einem Künstler, einem Label oder einer anderen Marke wieder aufgegriffen wird, spricht man von einer „Collab“. Das Ergebnis ist immer ein Hingucker, wie diese Auswahl zeigt, die zum Teil von der Website *Complex Sneaker* übernommen wurde.

ACRONYM LUNAR FORCE 1 SP PACK
ACRONYM x NikeLab

ADIDAS CONSORTIUM X SOLEBOX (BERLIN)

PALACE X ADIDAS ORIGINALS PRO PRIMEKNIT

SHADOW 5000
Bodega x Saucony

ON THE ROAD
Bodega x ASICS Gel Classic

INSTA PUMP FURY
Chanel x Reebok

KARHU X PATTA FUSION 2.0

SLIP-ON MURAKAMI X VANS

PATTA X ASICS GEL LYTE III

PHARRELL WILLIAMS X ADIDAS ORIGINALS
SUPERSTAR SUPERCOLOR

SUEDE CREEPER
Puma x Rihanna

STÜSSY X NIKE COURT FORCE HIGH

SUPREME X VANS OLD SKOOL CAMO

WOOD WOOD X NIKE ACG LUNAR WOOD

TOP FITNESS

Bis Mitte der 1980er wäre es für einen Sportschuhdesigner unvorstellbar gewesen, dass eine seiner Kreationen einmal vom Stadion auf die Straße gelangen würde. Aber die Welt hat sich verändert. Und die Grenzen zwischen „Lifestyle“ und „Performance“ sind mittlerweile fließend. Diese Fitness-, Trainings- und Laufschuhe aus den Kollektionen 2015/2016 werden vielleicht eines Tages zu Must-haves für Sneaker-Fans.

POWERLIFT 2.0
Adidas

PURE BOOST
Adidas

SUPERNOVA GLIDE
Adidas

SUPERIOR 2.0
Altra

GEL FUSE X
ASICS

GEL-ELATE TR
ASICS

CLIFTON 2
Hoka One One

MEN'S GLYCERIN 13
Brooks

WOMEN'S ADRENALINE GTS 16
Brooks

RUNNING SHOES
Enko

GOLD LUNAR CALDRA
Nike

METARUN
ASICS

ALL OUT CHARGE
Merrell

WAVE RIDER
Mizuno

711 TRAINER
New Balance

FRESH FOAM ZANTE V2
New Balance

VAZEE PACE
New Balance

KOBE XI LAST EMPEROR
Nike

METCON 2
Nike

CROSSFIT LIFTER
Reebok

CROSSFIT NANO
Reebok

CROSSFIT NANO PUMP FUSION
Reebok

NYC TRIUMPH ISO 2
Saucony

SKECHERS MEN'S SYNERGY
Power Switch

SKECHERS WOMEN'S FLEX APPEAL
Power Switch

LITEWAVE AMPERE
The North Face

SPEEDFORM APOLLO VENT
Under Armour

CHARGED ULTIMATE
Under Armour

GEMINI 2
Under Armour

SOLANA
Zoot

STARS 1910–1970

Am Anfang hatten die Sneaker-Hersteller nur eines im Sinn: Ihre Schuhe für Sportler so praktisch und bequem wie möglich zu machen. Keiner hätte gedacht, dass manche Modelle als Modeaccessoire unsterblich würden.

CONVERSE *Chuck Taylor All Star*
Markteinführung: 1917

CONVERSE *Jack Purcell*
Markteinführung: 1935

PRO-KEDS *Royal*
Markteinführung: 1949

ADIDAS *Samba*
Markteinführung: 1950

SPRING COURT *G1*
Markteinführung: 1950

ONITSUKA TIGER *Tai-Chi*
Markteinführung: 1960

ADIDAS *Stan Smith*
Markteinführung: 1964

TRETORN *Nylite*
Markteinführung: 1965

K-SWISS *Classic*
Markteinführung: 1966

VANS *Authentic*
Markteinführung: 1966

ONITSUKA TIGER *Mexico*
Markteinführung: 1966

ADIDAS *Gazelle*
Markteinführung: 1968

PUMA *Roma*
Markteinführung: 1968

PUMA *Suede*
Markteinführung: 1968

STARS 1970ER-JAHRE

Vor allem die Hip-Hop-Generation und ihre Begeisterung für Basketball bescherte den Sneakern eine zweite Karriere und brachte die Sportschuhe auf die Straße.

ADIDAS *Forest Hills*
Markteinführung: 1970

ADIDAS *Americana*
Markteinführung: 1971

PRO-KEDS *Royal Plus*
Markteinführung: 1971

PUMA *Pelé Brasil*
Markteinführung: 1971

ADIDAS *SL 72*
Markteinführung: 1972

NIKE *Bruin*
Markteinführung: 1972

NIKE *Cortez*
Markteinführung: 1972

NIKE *Blazer*
Markteinführung: 1972

NIKE *Boston*
Markteinführung: 1973

NIKE *Waffle Trainer*
Markteinführung: 1974

CONVERSE *One Star*
Markteinführung: 1974

PONY *Top Star*
Markteinführung: 1975

NEW BALANCE *320*
Markteinführung: 1976

VANS *Era*
Markteinführung: 1976

ADIDAS *Kareem Abdul-Jabbar*
Markteinführung: 1976

PUMA *Trimm Quick*
Markteinführung: 1976

ADIDAS *Trimm Trab*
Markteinführung: 1977

VANS *Sk8*
Markteinführung: 1978

ONITSUKA TIGER *California*
Markteinführung: 1978

NIKE *LDV*
Markteinführung: 1978

NIKE *The Sting*
Markteinführung: 1978

VANS *Slip-On*
Markteinführung: 1979

ADIDAS *Handball Spezial*
Markteinführung: 1979

ADIDAS *Jeans*
Markteinführung: 1979

ADIDAS *München*
Markteinführung: 1979

CONVERSE *All Star Pro*
Markteinführung: 1979

NIKE *Daybreak*
Markteinführung: 1979

PRO-KEDS *Shotmaker*
Markteinführung: 1979

ADIDAS *Top Ten*
Markteinführung: 1979

CONVERSE *Pro Leather*
Markteinführung: 1979

STARS 1980ER-JAHRE

Dank Fitnesswahn, Sportsweartrend und neuer Musikrichtungen wurden Sneaker für Sportler wie auch im Design immer ausgefeilter – ein bewegtes Jahrzehnt, das Hunderte neuer Modelle hervorbrachte.

NIKE *Air Force 1*
Markteinführung: 1982

NIKE *Tennis Classic*
Markteinführung: 1982

PUMA *Easy Rider*
Markteinführung: 1982

REEBOK *Freestyle*
Markteinführung: 1982

PUMA *California*
Markteinführung: 1983

ADIDAS *Forum*
Markteinführung: 1984

NIKE *Vandal*
Markteinführung: 1984

SAUCONY *Jazz*
Markteinführung: 1984

ASICS TIGER *Fabre*
Markteinführung: 1985

ADIDAS *Adicolor*
Markteinführung: 1985

ADIDAS *Centennial Mid*
Markteinführung: 1985

ADIDAS *Marathon*
Markteinführung: 1985

ADIDAS *Ecstasy*
Markteinführung: 1985

NIKE *Air Jordan*
Markteinführung: 1985

NIKE *Dunk*
Markteinführung: 1985

PUMA *TX-3*
Markteinführung: 1985

VANS *Half Cab*
Markteinführung: 1985

ADIDAS *Metro Attitude*
Markteinführung: 1986

CONVERSE *Weapon*
Markteinführung: 1986

PONY *City Wings*
Markteinführung: 1986

REEBOK *Workout*
Markteinführung: 1986

REEBOK *Ex-O-Fit*
Markteinführung: 1987

NIKE *Air Max*
Markteinführung: 1987

NIKE *Air Trainer*
Markteinführung: 1987

NIKE *Sock Racer*
Markteinführung: 1987

NIKE *Air Safari*
Markteinführung: 1987

NIKE *Challenge Court*
Markteinführung: 1987

FILA *Fitness*
Markteinführung: 1988

NEW BALANCE *576*
Markteinführung: 1988

ADIDAS *Superskate*
Markteinführung: 1989

STARS 1990ER-JAHRE

Die NBA-Hysterie und der Konkurrenzkampf der Hersteller sorgten für technologische Innovationen und ausgefallene Designs. Die Sneaker der 1990er-Jahre waren bunte Kraftpakete.

ADIDAS *Torsion Special*
Markteinführung: 1990

NIKE *Air Max 90*
Markteinführung: 1990

REEBOK *Sole Trainer*
Markteinführung: 1990

NEW BALANCE *577*
Markteinführung: 1990

NIKE *Air Mowabb*
Markteinführung: 1991

REEBOK *Pump Omni*
Markteinführung: 1991

ASICS *Gel Lyte III*
Markteinführung: 1991

ADIDAS *Equipment Racing*
Markteinführung: 1991

NIKE *Air 180*
Markteinführung: 1991

NIKE *Air Huarache*
Markteinführung: 1991

REEBOK *Pump Running Dual*
Markteinführung: 1991

NIKE *Air Force 180 Low Olympic*
Markteinführung: 1992

NIKE *Air Huarache Light*
Markteinführung: 1992

NIKE *Air Raid*
Markteinführung: 1992

AIRWALK *Jim*
Markteinführung: 1993

NIKE *Air Tubular*
Markteinführung: 1993

NEW BALANCE *1500*
Markteinführung: 1993

NIKE *Air Max 93*
Markteinführung: 1993

NIKE *Air Trainer Huarache*
Markteinführung: 1993

BAPE *Sta*
Markteinführung: 1993

ADIDAS *Dikembe Mutombo*
Markteinführung: 1993

PUMA *Disc Blaze*
Markteinführung: 1994

NIKE *Air Rift*
Markteinführung: 1995

NIKE *Air Max 95*
Markteinführung: 1995

NIKE *Air Footscape*
Markteinführung: 1995

NIKE *Air More Uptempo*
Markteinführung: 1996

NIKE *Air Max 97*
Markteinführung: 1997

NIKE *Air Zoom Spiridon*
Markteinführung: 1997

NIKE *Air Max plus*
Markteinführung: 1998

PUMA *Mostro*
Markteinführung: 1999

STARS 2000ER-JAHRE

Manche Modelle hatten einen kometenhaften, teils kurzlebigen Erfolg. Der Trend ging zu Neuauflagen von Kultmodellen. Sportstars, Künstler und Lizenzen sorgten für unendlich viele Varianten der Sneaker-Klassiker.

NIKE *Shox 4*
Markteinführung: 2000

NIKE *Air Presto*
Markteinführung: 2000

PUMA *Speedcat*
Markteinführung: 2001

ADIDAS *Climacool*
Markteinführung: 2002

G UNIT *G-6 hunter*
Markteinführung: 2003

NEW BALANCE *580*
Markteinführung: 2003

CREATIVE RECREATION *Cesario Low*
Markteinführung: 2003

FILA *Vulc 13*
Markteinführung: 2003

REEBOK *S. Carter*
Markteinführung: 2003

ADIDAS *Y-3 Basketball high*
Markteinführung: 2004

NIKE *Sock Dart*
Markteinführung: 2004

ADIDAS *Ultra Ride*
Markteinführung: 2004

ADIDAS *Y-3 Hayworth*
Markteinführung: 2006

LAKAI *Telford High Rob Welsh*
Markteinführung: 2006

A BATHING APE X KAWS *Chompers*
Markteinführung: 2006

ALIFE X REEBOK *Pump Victory Pump Ball Out*
Markteinführung: 2006

ETNIES X IN4MATION *Rap High*
Markteinführung: 2006

JEREMY SCOTT *Money Runway*
Markteinführung: 2007

DVS X UXA X HUF *Huf 4 Hi*
Markteinführung: 2007

ALIFE X PUMA *First Round*
Markteinführung: 2007

VANS SYNDICATE X WTAPS *Bash*
Markteinführung: 2008

VA X ADIDAS *ZX 9000 A to ZX*
Markteinführung: 2008

CONVERSE *Skateboarding Cts Low*
Markteinführung: 2008

NIKE *Hyperdunk Supreme Mc Fly*
Markteinführung: 2008

SUPRA FOOTWEAR *Skytop Tuf*
Markteinführung: 2008

NIKE *Air Yeezy 1*
Markteinführung: 2009

ADIDAS *David Beckham ZX 8000*
Markteinführung: 2009

GOURMET *Une*
Markteinführung: 2009

ETNIES *Metal Mulisha Fader*
Markteinführung: 2009

NIKE *Air Max Lebron VII*
Markteinführung: 2009

STARS 2010ER-JAHRE

Der weltweite Laufboom bringt Sneaker hervor, die auf der Piste wie auf der Straße eine gute Figur machen. Die Zahl der „Collabs" und „Special Editions" explodiert, dazu gibt es die Möglichkeit der Personalisierung.

REEBOK *Zig*
Markteinführung: 2010

NIKE *Flyknit One +*
Markteinführung: 2012

NEW BALANCE *999*
Markteinführung: 2012

NIKE *Roshe*
Markteinführung: 2012

ADIDAS *ZX Flux*
Markteinführung: 2013

NIKE *Free 5.0 V5*
Markteinführung: 2013

REEBOK *L23J*
Markteinführung: 2013

NIKE *Trainerendor*
Markteinführung: 2013

ADIDAS *Pure Boost*
Markteinführung: 2014

NIKE *Air Jordan Future*
Markteinführung: 2014

NIKE *Flystepper*
Markteinführung: 2014

ADIDAS *Ultraboost*
Markteinführung: 2015

ASICS *Kaeli*
Markteinführung: 2015

REEBOK *Z Pump Fusion*
Markteinführung: 2015

STARS 2015-2020

Das Sneaker-Business läuft unaufhaltsam weiter, ein Trend löst den anderen in rascher Folge ab. Hier ist eine Auswahl ikonischer Sneaker, die seit 2015 auf den Markt gekommen sind, von aktualisierten Modellen über limitierte Auflagen bis hin zu echten Innovationen.

ADIDAS *Continental 80*
Year released: 2018

ADIDAS *Nite Jogger*
Year released: 2019

ADIDAS *Ozweego*
Year released: 2019

ALLBIRDS *Wool Runner*
Year released: 2016

BALENCIAGA *Triple S*
Year released: 2017

FILA *Disruptor 2*
Year released: 2018

GUCCI *Ace*
Year released: 2015

NB *327*
Year released: 2020

NB *990V5*
Year released: 2019

NIKE *Air Max 1/97 Sean Wotherspoon*
Year released: 2018

NIKE *Sacai*
Year released: 2019

NIKE *Air Jordan x Dior*
Year released: 2020

PUMA *RS-X*
Year released: 2018

YEEZY *Boost 350 V2 Eliada*
Year released: 2020

GLOSSAR

B-grade: Zweite Wahl, Sneaker mit kleinen Fabrikationsfehlern, aber keine Imitate

Camp out: Vor einem Laden übernachten, um ein besonders begehrtes Modell zu ergattern (das meist in limitierter Auflage hergestellt wird)

Consortium: Limitierte Auflage, die nur in Spezialgeschäften verkauft wird

Dead stock: Fabrikneu; „near dead stock" bedeutet „kaum getragen, so gut wie neu"

Deubré: Kleines Schmuckelement aus Metall am unteren Ende der Schnürung

Fersenkappe: Mittelfestes Stützteil, das den Rückfuß stabilisiert

General release: Verkaufsstart von Sneakern in allen Geschäften

Hi top: Knöchelhoher Sneaker, Basketballschuh

Hyperstrike: Modelle in extrem limitierter Auflage (weniger als 50 Exemplare, meist aus einer Zusammenarbeit entstanden)

Innensohle: Einlage in Sohlenform, auf der der Fuß ruht (oft waschbar)

Kapsel-Kollektion: Kleine Nebenserie, die Designer zusätzlich zur Hauptkollektion entwerfen

Legit: Original, authentisches Modell, im Gegensatz zu „fake" oder „variant", die Imitate charakterisieren

Low: Niedriger Sneaker

Mesh: Netzgewebe aus Leinen oder Synthetikfasern, als Obermaterial anstelle von Leder

Mid: Halbhoher Sneaker

Mint: „Druckfrisch", nagelneuer Sneaker

Mittelfußgurt: Verstärkte Schaftpartie unterhalb des Knöchels, zwischen Ferse und Vorfuß

Ösen: Metallumrandung zur Verstärkung der Schnürlöcher

OG: Originalmodell, erste Auflage; wird als Namenszusatz verwendet, um das Modell von Neuauflagen zu unterscheiden

Player sample: Prototyp, der für einen bestimmten Sportler hergestellt wurde; ein „sample" ist ein nicht für den Verkauf bestimmter Prototyp

Schaft: Oberteil des Schuhs aus Leder oder Textilgewebe, inklusive Zunge und Schnürung

Shape: Äußere Erscheinung des Sneakers

Sneakers addict: Sneaker-Fan oder -Sammler

Sneakers wedges: Sneaker mit Keilabsatz

Special Make Up (SMU): Speziell für ein Geschäft hergestelltes Sondermodell

Suede: Wildleder, Leder mit aufgerauter Oberseite, weicher, aber nicht so widerstandsfähig und schmutzabweisend

Toe box: Zehenraum, Abschnitt zwischen Schnürung und Schuhspitze, die „mudguard" (Schlammschutz) genannt wird

Tragekomfort: Verschiedene, charakteristische Details eines Laufschuhs, die für Bequemlichkeit sorgen

Vorderkappe: Verstärkte Partie an der Spitze des Laufschuhs, die Vorfuß und Zehen schützt

Zunge: Gepolsterte Lasche über dem Fußrücken, die den Druck der Schnürung oder anderer Verschlüsse (Klettverschluss, Reißverschluss) reduziert

INHALTS-VERZEICHNIS

BILDNACHWEIS

Alle Abbildungen: © DR, mit Ausnahme von
S. 7: © Michael Wa (bearbeitete Fotografie);
S. 94: © Michael Ochs Archives/Getty Images;
S. 103: © Neil Leufer/Sports Illustrated/Getty Images;
S. 134: © Prod DB/TD; **S. 142**: Doug Pensinger/Getty Images; **S. 152 (oben)**: © thevintager.de;
S. 170: Mike Lawrie/Getty Images/AFP.